普通高等教育"十三五"规划教材

新编大学计算机基础

——实验教程

孙治军　冯　颖　蔡洪涛　主编

科学出版社

北　京

内 容 简 介

全书共分 7 章，主要内容包括：中文操作系统 Windows、文字处理软件 Word、电子表格软件 Excel、演示文稿制作软件 PowerPoint、数据库软件 Access、常用工具软件（压缩软件 WinRAR、图像操作软件 ACDSee、杀毒软件瑞星、流媒体播放软件 RealOne Player）和实验内容（包括 10 个实验）。通过这些实验，帮助读者加深对本书内容的理解与实践能力的提高。

本书是《新编大学计算机基础——计算机科学概论》的配套实验教材，也可单独使用。本书可作为普通高等院校大学计算机基础的实验教材，也可作为学生自学计算机基础知识和准备计算机等级考试的参考资料。

图书在版编目（CIP）数据

新编大学计算机基础：实验教程/孙治军，冯颖，蔡洪涛主编. —北京：科学出版社，2016

（普通高等教育"十三五"规划教材）

ISBN 978-7-03-049777-2

Ⅰ.①新… Ⅱ.①孙… ②冯… ③蔡… Ⅲ.①电子计算机-高等学校-教材 Ⅳ.①TP3

中国版本图书馆 CIP 数据核字（2016）第 206585 号

责任编辑：朱 敏 宋 丽 袁星星/责任校对：马英菊
责任印制：吕春珉/封面设计：东方人华平面设计部

科 学 出 版 社 出版
北京东黄城根北街 16 号
邮政编码：100717
http://www.sciencep.com

三河市骏杰印刷有限公司印刷
科学出版社发行　各地新华书店经销

*

2016 年 8 月第 一 版　开本：787×1092　1/16
2016 年 8 月第一次印刷　印张：12
字数：285 000

定价：26.00 元
（如有印装质量问题，我社负责调换〈骏杰〉）
销售部电话 010-62136230　编辑部电话 010-62135397-2047

本书编委会

主　编　孙治军　冯　颖　蔡洪涛

副主编　时合江　武　琳　霍立平　邹静昭

参　编　张　领　杨　威　孙博成　侯中原　白翠梅

前　　言

本书是与《新编大学计算机基础——计算机科学概论》配套的实验教材，也可单独使用。

《新编大学计算机基础——计算机科学概论》侧重于计算机科学与技术的基础性理论、原理及概念，主要涉及数制与编码、计算机硬件结构与组成原理、操作系统基础、计算机网络基础、多媒体技术、数据结构与算法、软件工程基础、数据库基础等基础理论和基本概念。

本书侧重于常用系统软件及应用软件的操作使用。全书共分为 7 章，主要内容包括中文操作系统 Windows、文字处理软件 Word、电子表格软件 Excel、演示文稿制作软件 PowerPoint、数据库软件 Access、常用工具软件（压缩软件 WinRAR、图像操作软件 ACDSee、杀毒软件瑞星、流媒体播放软件 RealOne Player）和实验内容（包括 10 个实验）。

大学计算机基础课程是学生进入高等学校之后的第一门计算机课程，而其中的实验教学环节是相当重要和必不可少的，其目的是培养学生良好的信息素养以及利用计算机手段进行信息处理的基本技能。

本书是按照教育部高等院校非计算机专业计算机基础课程教学指导委员会提出的最新教学要求和最新大纲编写的。实验内容较为广泛，教师可根据学生的实际水平和实际学时数选择实验内容，以满足不同层次学生学习的需要。

本书由孙治军、冯颖和蔡洪涛担任主编，由时合江、武琳、霍立平和邹静昭担任副主编。另外，在本书的编写过程中，张领、杨威、孙博成、侯中原和白翠梅也做了大量的工作并给予支持，在此对关心和支持本书编写的所有同志一并表示衷心的感谢。

由于作者水平有限，书中难免有错误和不妥之处，恳请读者批评指正。

目　　录

第 1 章　中文操作系统 Windows

　　计算机系统由硬件系统和软件系统组成。软件系统又分为系统软件和应用软件两大类。系统软件的任务是控制和维护计算机的正常运行，管理计算机的各种资源，以满足应用软件的需要。应用软件完成一个特定的任务，在系统软件的支持下，用户才能运行各种应用软件。操作系统是非常重要的系统软件，是管理计算机系统中所有硬件资源和软件资源的核心。启动计算机后，用户通过操作系统使用计算机，所以操作系统是用户和计算机系统进行交互的界面。Windows 操作系统是广为应用的微型计算机操作系统，本章主要介绍 Windows 操作系统。

1.1　Windows 的发展历史

　　Windows 操作系统发展至今，经历了 Windows 1.0、Windows 3.x、Windows 9x、Windows 2000、Windows XP、Windows Vista、Windows 7、Windows 8、Windows 10 等不同的时期。

　　2001 年，Microsoft 公司发布的 Windows XP 是 Windows 操作系统发展史上的一次全面飞跃。它共有四个版本。

　　1）Windows XP Home：是面向普通家庭的。

　　2）Windows XP Professional：是面向企业和高级家庭的。

　　3）Windows XP Media Center：预装在 Media Center PC 上，具有 Windows XP 的全部功能，而且针对电视节目的观看和录制、音乐文件的管理以及 DVD 播放等功能添加了新的特性。

　　4）Windows XP Tablet PC：在 Windows XP Professional 的基础上增加了手写输入功能，因此其被认为是 Windows XP Professional 的扩展版本。

　　2003 年，Windows Server 2003 完成研发并发布，它共有六个版本，其中包括 32 位的 Web 版、标准版、企业版、数据中心版四个产品和 64 位的企业版和数据中心版两个产品。

　　2006 年，Windows Vista 开发完成并正式进入批量生产。在 2007 年，Windows Vista 正式对普通用户出售。Windows Vista 包含了上百种新功能，其中较特别的是新版的图形用户界面合称为 Windows Aero 的全新界面风格、加强索引服务（Windows Indexing Service）功能、新的多媒体创作工具（如 Windows DVD Maker），以及重新设计的网络、音频、输出（打印）和显示子系统等。

　　Windows 7 于 2009 年 10 月 23 日下午在中国正式发布。Windows 7 的设计主要围绕五个重点——针对笔记本电脑的特有设计；基于应用服务的设计；用户的个性化；视听娱乐的优化；用户易用性的新引擎。2012 年 10 月 26 日，Windows 8 在美国正式推出。

Windows 10 是微软发布的最后一个 Windows 版本，其大幅减少了开发阶段。

虽然 Windows 的版本较多，但其基本功能和操作是相同的，本章主要以 Windows XP 版本为主介绍 Windows 的主要功能和基本操作。

1.2　Windows 的桌面

用户正确启动 Windows 操作系统以后，首先看到 Windows 工作桌面。在其桌面上有一些图标，如图 1-1 所示，这些图标代表可以启动运行的不同的应用程序。Windows 操作系统更多的功能都隐含在"我的电脑"图标和任务栏中的"开始"按钮之后。

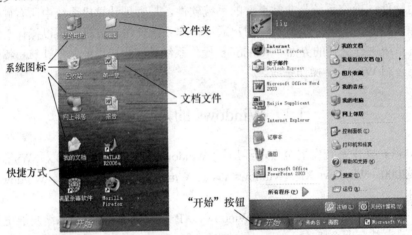

图 1-1　Windows 桌面与"开始"菜单

1.2.1　桌面图标

在 Windows 桌面上有多种不同类型的桌面图标，包括系统图标、用户桌面文件图标和快捷方式图标等。图标指的是表示各种不同类型应用程序和文件的小图像，是启动相关应用程序的操作对象。图标分为两类：一类是应用程序图标，表示可以运行的应用程序，其窗口处于最小化；另一类是文件夹或文档，双击可直接打开文件夹或进入文件编辑。

一个打开的 Windows 应用程序，其窗口被缩小为图标后，显示在 Windows 桌面下端的任务栏中。桌面上属于 Windows 系统自动安装的应用程序如下所述。

1. 我的电脑

"我的电脑"图标中包含了用户当前使用的计算机的所有资源信息，包括所有硬件信息、软件信息、系统配置信息以及外部设备信息等，是一个集系统资源、文件管理和浏览于一体的应用程序。双击"我的电脑"图标，即打开"我的电脑"窗口，可以看见窗口中包含了这台计算机系统中的每个驱动器图标、"控制面板"图标、"打印机"图标、"拨号网络"图标、文件夹图标，"Web 文件夹"图标等。

在"我的电脑"窗口中，浏览每个文件夹时都会自动打开一个新窗口，对用户来说很直观。用户可以方便地对计算机所有资源进行浏览和调用。要对窗口中的文件进行操作，可以先单击选取一个操作对象的图标，然后就可以从窗口菜单条上选择菜单选项，执行相应的操作。

2．我的文档

"我的文档"文件夹是 Windows 为用户提供的用于存放所建各种文档的默认目录（My Documents），即文档文件夹。这样，用户的文档可以存放在一个地方，还可以从桌面直接查找。

3．网上邻居

用户计算机与网络连通后，可通过"网上邻居"使用在线的局域网络资源。通过"网上邻居"浏览网络，如同浏览本地硬盘，用户可以方便地与其他计算机交换信息。

4．网络浏览器

Internet Explorer 是微软公司专门集成于 Windows 系统中的 Internet 浏览工具。用户可以随时利用它上网访问信息。另外，任务栏中也有 Internet Explorer 浏览器图标，单击"开始"按钮，从程序中也能找到 Internet Explorer 浏览器的程序项。在窗口地址栏中输入有效网址，即可连接到相应的网站。

5．回收站

"回收站"是 Windows 系统专门用于回收被删除的文件或文件夹的应用程序。用户可以将文件"扔"到"回收站"里，也可以方便地从"回收站"中捡回来，恢复使用。在 Windows 系统中删除的文件都被移到"回收站"中，用户可以通过"回收站"来恢复被误删除的文件，同时也可以清空回收站，把文件彻底删除。

在桌面打开"回收站"应用程序图标，以窗口方式显示其是空的还是装着被删除的文件，如图 1-2 所示。如果用户需要"捡回"已被扔掉的文件时，"回收站"图标允许用户恢复被删除的文件，并且可以很容易地将它们放到本地系统的位置。利用"编辑"菜单中的各项命令，可以对窗口中列出的文件进行恢复、复制和粘贴等操作。

图 1-2　回收站

如果真正想扔掉"回收站"窗口列表中的某个文件，选择此文件，然后选择"文件"

菜单中的"删除"命令。如果要将"回收站"窗口中被列出的文件全部扔掉，便可选择"回收站"窗口的菜单栏选择"文件"中的"清空回收站"命令，用户就可以把不需要的所有被删除的文件从磁盘上抹掉，并且不能恢复。

1.2.2　任务栏

使用任务栏和"开始"按钮可以完成 Windows 操作系统的所有操作，如图 1-3 所示。

在任务栏中，用户可以通过单击"开始"按钮迅速地启动一个程序或打开一个文档，并可以在用户打开的各个任务之间进行切换，如图 1-4 所示。

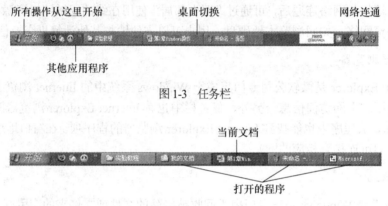

图 1-3　任务栏

图 1-4　多个应用程序间的切换

任务栏的中间是打开的应用程序图标按钮，是最小化的应用程序窗口。单击这些按钮，可以在不同的应用程序窗口之间进行切换。

从"开始"按钮启动应用程序，可以完成所有的 Windows 操作。

1.2.3　快捷方式与快捷菜单

可以把一个应用程序快捷方式图标移动到桌面的任何位置，但是不能把它放入一个打开的应用程序窗口中。这是因为图标表示一个应用程序，应用程序只能在桌面上运行，而不能在文档或者其他应用程序窗口中运行。

快捷菜单是指将鼠标指针置于屏幕有效区域上，右击弹出一个与之所在区域相关的操作命令菜单，可方便地进行各种操作。

1.3　Windows 磁盘文件管理

计算机应用过程中需要存储的所有信息和指令都是以文件形式存放在磁盘等外存储介质中。磁盘文件管理是操作系统重要的管理功能之一，所有操作系统都具有类似的操作和用途。

1.3.1　创建一个用户文件

文档是用户利用计算机软件工具创建的一个计算机文件，计算机处理的所有用户信息都是以文件的形式建立和存放的。Windows 操作系统下的用户文档制作工具软件种类很多，常用的有文字编辑处理软件、制表软件、图片编辑处理软件、视频图像编辑软件、三维制作软件、网页制作软件等，这些不同层次用户使用的制作工具，随着计算机技术的发展，功能越来越多，性能也越来越强。但是作为工具的性质都是类似的：创建一个新文件、全屏幕编辑、以某种格式类型的文件存盘等。例如，Windows 操作系统内置的编辑工具就有几种，以"记事本"为例，它就是最简单易用的通用型全屏幕字处理程序，用它创建生成的文档文件类型是一个纯文本文件，默认的扩展名为.txt。

所谓全屏幕编辑就是用鼠标和键盘控制屏幕光标，在整个编辑区域内任意移动，在光标所到之处，可以进行录入、插入、删除、复制、剪切、粘贴、查找等编辑操作。

首先单击"开始"按钮，弹出菜单后选择"程序"，从二级扩展菜单中选择"附件"选项，从三级扩展菜单中选择"记事本"选项，然后右击，即打开记事本程序窗口，如图 1-5 所示。

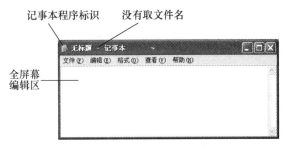

图 1-5 记事本程序窗口

这时，用户可以单击"编辑"菜单选项，其中有的选项是虚的，如图 1-6 所示，表示此时这些操作选项是无效的，不可以操作。因为现在编辑区域是空的，没有选择任何操作对象。

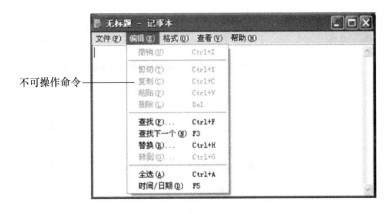

图 1-6 没有定义操作对象

现在，先输入一些有效的文字，再进行相关操作。例如，按以下格式输入两行文字：

```
This is a program. ✓
这是一个利用记事本软件编辑文字的例子。 ✓
```

其中，符号"↙"代表回车换行，操作时按 Enter 键。

　　文字输入完成后，需要以文件的形式存放在指定磁盘的指定位置，同时指定一个文件名。这时按 Alt+F 组合键激活"文件"菜单，选择"保存"或"另存为"选项，弹出如图 1-7 所示的对话框。

图1-7　"另存为"对话框

　　用户可以对该文件重新命名，取系统默认的扩展名，并选择一个指定的盘，然后选择一个已有的文件夹，或建立一个新的文件夹，单击"保存"按钮，存放这个新文件。

1.3.2　打开或运行一个已有的文件

　　在 Windows 操作系统中，可以用多种方法打开或运行一个已经存在的文件。下面介绍几种常用的方法。

1. 在桌面上双击"我的电脑"

　　打开"我的电脑"窗口后，用户可以用各种直观的操作方法按路径逐层搜索查找指定的文件，如图 1-8 所示。

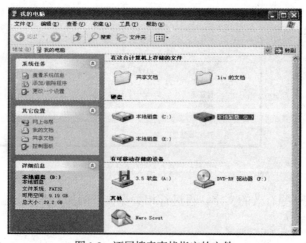

图1-8　逐层搜索查找指定的文件

上述操作过程结束后，文件即可打开或运行。如果是用户自己编辑的文档文件，则首先自动启动编辑程序进入文档编辑窗口，显示出文件内容。代表该文档文件的按钮图标显示在任务栏中。

2. 从"资源管理器"中打开

为了表达方便，用"开始｜程序｜附件｜Windows 资源管理器"表示：单击"开始"按钮，在弹出菜单中将鼠标指向"程序"选项，在弹出的下一级菜单中指向"附件"，在弹出的下一级菜单中单击"Windows 资源管理器"选项，打开相应窗口，如图 1-9 所示。也可以在桌面上右击"我的电脑"图标，在弹出的快捷菜单中单击"Windows 资源管理器"选项。

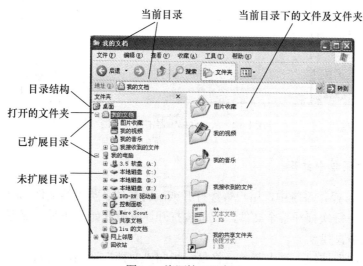

图 1-9 资源管理器窗口

Windows 资源管理器的窗口分左右两部分，左窗口列出了用户正在使用的这台计算机所有的系统资源，包括系统配置、所有有效的硬盘、软盘、光盘、网络、打印机等，呈树形目录结构显示文件夹的层次结构。其中，⊞表示是未扩展的资源目录项，并包含下属子目录，即文件夹中还有文件夹，单击后即可展开；⊟表示其下属资源目录项已经展开，单击后收回。如果文件夹图标前面没有⊞和⊟，则表示该文件夹中只有文件，而不包含文件夹。

右窗口中显示的是当前打开的文件夹，即当前文件夹所包含的文件及其下属文件夹。所要打开的文档文件被找到后，就列在窗口中。双击后即可打开。

3. 从文档文件编辑器中打开

各种文档文件都是在相应的编辑软件或集成编辑系统软件中建立生成的，用户经常需要在相应的程序环境中打开并进行编辑。例如，在"画图"程序中打开一个已经建好的存于盘上的绘图文件，应首先启动"画图"程序，即选择"开始｜程序｜附件｜画图"命令，打开"画图"程序窗口后，选择"文件"菜单选项，再单击"打开"命令，弹出一个对话框，如图 1-10 所示。从"查找范围"选项栏中找到指定文件所在的盘上的文件

夹，在"文件名"文本框中输入指定的文件名，再单击"打开"按钮，或者直接从选取
窗口中双击指定的文件，即可打开该用户文档。

图 1-10　从文件编辑器中打开文档

4. 从文档菜单中打开

在 Windows 操作系统中，用户曾经打开或编辑过的各类文档文件都会自动列在系统
的文档菜单中。每次打开某个文件，或每次打开计算机开始工作时，都可以从这个系统
文档菜单列表中查找。

单击"开始"按钮，弹出菜单后将鼠标指向"文档"选项，从列表中选择指定文件
即可打开该文档。

1.3.3　文件或文件夹的复制与移动

1. 用剪贴板复制或移动

在 Windows 操作系统的桌面上，只要找到要复制或移动的操作对象，就能对它进行
操作。Windows 操作系统的剪贴板，就好像是一个邮递员，只要把文件或文件夹交给它，
就可以送到任何可以送到的地方。其操作过程如下所述。

1）在"我的文档"窗口，或在"我的电脑"窗口，或在 Windows 资源管理器的"浏
览"窗口的左窗口或右窗口中，在包含源文件或源文件夹的源盘或源文件夹上单击，选
定要复制的源文件或源文件夹。如果需要选择多个源文件或源文件夹，其选择方法有
三种。

Ctrl 键辅助操作：按住 Ctrl 键，用鼠标选择文件或文件夹。

Shift 键辅助操作：先用鼠标选择包含一组文件或文件夹的矩形范围中左上角的文件
或文件夹，再按住 Shift 键，用鼠标选择包含一组文件或文件夹的矩形范围中右下角的文
件或文件夹。

拖动矩形框：把鼠标指向包含一组文件或文件夹的矩形范围外缘的左上角，按住鼠标左键，拖动到包含这组文件或文件夹的矩形范围外缘的右下角，然后释放鼠标左键。

2）单击窗口工具栏中的"复制"按钮，系统把要复制的文件或文件夹放在 Windows 操作系统的剪贴板中，如图 1-11 所示。

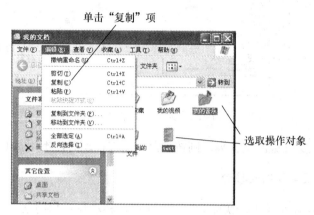

图 1-11　选择要复制的对象

如果要移动源文件或源文件夹，则单击"剪切"按钮，同样也是把要移动的源文件或源文件夹放在了 Windows 操作系统的剪贴板中。

3）粘贴到目标盘或目标文件夹中。打开选定的目标盘或目标文件夹，单击当前窗口工具栏中的"粘贴"按钮，Windows 操作系统就会把剪贴板中的源文件或源文件夹复制或移动到当前的目标盘或目标文件夹中。

2．用鼠标拖动复制或移动对象

使用鼠标可以方便地移动、复制和删除文件或文件夹。如果要操作的文件比较多，可以用 Ctrl 和 Shift 键辅助选择。

在 Windows 操作系统中，鼠标拖动能实现多种操作，如创建快捷方式、把文档文件送到打印机打印等。鼠标拖动同样可以完成文件或文件夹的复制或移动，只要操作对象是可视的，就可以拖动到任何可以拖动到的地方。其操作过程如下所述。

1）打开"我的电脑"窗口或打开"我的文档"窗口，或在 Windows 资源管理器的"浏览"窗口的左窗口或右窗口中，打开要把文件或文件夹复制或移动到的目标盘或目标文件夹，用鼠标把窗口拖放在桌面上可以操作的位置。

2）同时再打开"我的电脑"窗口或打开"我的文档"窗口，或在 Windows 资源管理器的"浏览"窗口的左窗口或右窗口中，打开包含源文件或源文件夹的源盘或源文件夹，单击鼠标左键，选定要复制的源文件或源文件夹，不要释放鼠标左键。

如果需要选择多个源文件或源文件夹，其选择方法与上述用剪贴板进行复制或移动操作过程中的 1）相同。

3）按住鼠标左键，不要释放，同时按住键盘上的 Ctrl 键，拖动选定的源文件或源文件夹，直接拖到指定的目标盘或目标文件夹中或两者的窗口中，释放鼠标左键，即完成了复制任务，如图 1-12 所示，把"TC"文件夹中的两个文件直接拖到了"程序"文件夹中。

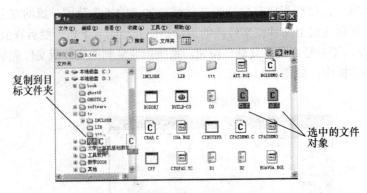

复制到目标文件夹

选中的文件对象

图 1-12 拖动复制或移动对象

如果是移动源文件或源文件夹，则按住鼠标左键拖动时，不用按 Ctrl 键。

3. 利用快捷菜单复制或移动

在 Windows 操作系统中，快捷菜单无处不在，移动鼠标指向某个区域，右击，就可以弹出快捷菜单，选择进行各种与之相应的操作。或者说，只要用户选择了操作对象，右击，就可以弹出快捷菜单。

用快捷菜单方式同样也可以完成文件或文件夹的复制或移动，其操作过程如下所述。

1）打开"我的电脑"窗口或打开"我的文档"窗口，或在 Windows 资源管理器的"浏览"窗口的左窗口或右窗口中，打开包含源文件或源文件夹的源盘或源文件夹，单击选定要复制的源文件或源文件夹。

如需要选择多个源文件或源文件夹，其选择方法也与前面叙述的用剪贴板进行复制或移动操作过程中的 1）相同。

2）把鼠标指针指向选定的对象，即源文件或源文件夹，右击，即弹出与此对应的快捷菜单。选择快捷菜单中的选项，即可进行对应的操作。

1.3.4 文件或文件夹的重新命名

用户在使用 Windows 操作系统时，在磁盘上有各种类型的文件和文件夹，有时需要对文件和文件夹进行分类，或对个别文件名或文件夹名进行重新命名，以便能方便地检索和查找。其操作方法主要有以下两种。

1. 单击图标重新命名

找到要重新命名的文件或者文件夹，单击，然后把鼠标指针指向该文件名或者文件夹名，再单击，此时文件名或者文件夹名在一个黑线框中加亮，直接在黑线框中输入新的名称。

2. 用快捷菜单方式重新命名

把鼠标指针指向需要重新命名的文件或文件夹，右击，随即弹出与此对应的快捷菜单，选择快捷菜单中的"重命名"选项，单击，此时文件名或者文件夹名在一个黑线框中加亮，直接在黑线框中输入新名称。

3. 从程序窗口菜单中选择命令重新命名

把鼠标指针指向需要重新命名的文件或文件夹，单击。单击程序窗口菜单中的"文件"选项，再单击"重命名"命令选项，此时文件名或者文件夹名在一个黑线框中加亮，直接在黑线框中输入新名称。

对文件或文件夹重新命名的方法，也适合对桌面上的图标进行整理时，对快捷方式重新命名。

1.3.5　文件或文件夹的删除与恢复

在 Windows 操作系统中，删除的文件、文件夹或程序的快捷方式，一般都被放到"回收站"中，用户可以通过"回收站"来恢复被误删除的文件或文件夹，需要时也可以彻底删除文件或文件夹。

找到要删除的文件或者文件夹，单击选取，可以是一个，也可以是一组，删除方法有以下几种。

1）右击，随即弹出快捷菜单，单击快捷菜单中的"删除"命令。

2）单击程序窗口菜单中的"文件"选项，再单击"删除"命令。

3）按 Del 键或 Delete 键。

4）直接拖到桌面的"回收站"图标上。

如果用户要把被删除的文件或文件夹从"回收站"捡回来，可以在桌面上打开"回收站"窗口，选择要恢复的文件或文件夹，单击"文件"菜单中的"还原"命令。

如果要将窗口中被列出的文件全部删除，可单击"回收站"窗口菜单栏上"文件"选项，再单击菜单中的"清空回收站"命令，这时真正把被删除的文件或文件夹从盘上抹掉，不能恢复。

如果只想扔掉"回收站"窗口中的某个文件，可以单击此文件，然后选择"文件"菜单中的"删除"命令。另外，利用"编辑"菜单中的各项命令，还可对"回收站"窗口中列出的文件进行恢复、复制和粘贴等操作。

在 Windows 资源管理器的"浏览"窗口中，单击"回收站"图标，可以激活窗口菜单选项，通过菜单进行有关的操作；也可以右击，在弹出的快捷菜单中进行操作和管理。

1.4　Windows 系统应用程序

在 Windows 系统中，用户需要对磁盘上的大量文件进行管理，常用的管理工具有"我的电脑"和"资源管理器"两种。这两种管理工具的功能基本上是相同的，但又各具特色："资源管理器"管理文件非常方便快捷，"我的电脑"能够比较直观地浏览文件，操作简单。一般初学者使用"我的电脑"来管理文件，操作熟练的用户可以使用"资源管理器"来进行文件的操作。

1.4.1 "我的电脑"程序

选择"开始 | 我的电脑"或者在桌面上双击"我的电脑"图标，就可以打开"我的电脑"窗口，如图1-13所示。

图1-13　"我的电脑"窗口

"我的电脑"窗口具有 Windows 窗口的统一风格，包括标题栏、菜单栏、工具栏和工作区域等，管理着几乎全部的计算机资源。在窗口的右侧列出了各种磁盘分区图标，包括软盘、硬盘和 DVD/RW 驱动器等。单击磁盘图标，打开后可以看到该磁盘分区下所有的文件夹和文件，文件夹下还可以包含多级子文件夹和文件。窗口的左侧以超链接的形式连接到其他程序窗口，如网上邻居、控制面板、我的文档等，以便于用户操作。

如果查看硬盘驱动器上的文件内容，在"硬盘"下双击要查看的驱动器。

如果查找软盘、CD-ROM 或其他媒体上的文件或文件夹，在有"可移动存储的设备"栏下双击要查看的项目。

如果查找文件夹中的文件，则在"在这台计算机上存储的文件"栏下双击某个文件夹。

在操作中如果要返回到前一个文件夹，按 Backspace 键或单击工具栏上的"后退"按钮。如果看不见工具栏，则在"查看"菜单中，指向"工具栏"，然后单击"标准按钮"选项。

工具栏中的"搜索"按钮、"文件夹"按钮以及"查看"按钮为用户管理文件夹及文件提供了方便。

单击"搜索"按钮，"我的电脑"窗口左侧出现"搜索"子窗口，如图1-14所示。在"搜索"子窗口中，用户可以查找各种类型的文件、文件夹及网络计算机。

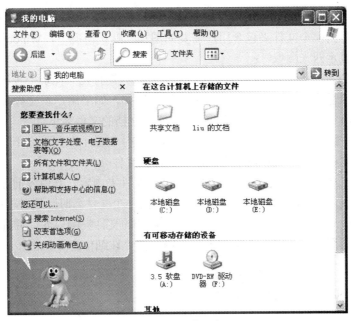

图 1-14　"搜索"窗口

　　单击"文件夹"按钮 🗁 文件夹，"我的电脑"窗口左侧出现"文件夹"子窗口，如图 1-15 所示。在"文件夹"子窗口分层显示了计算机中的所有文件，用户可以在该子窗口中方便地浏览、移动和复制文件或文件夹。

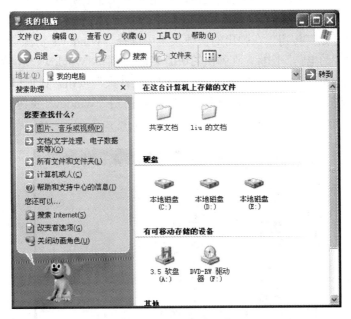

图 1-15　"我的电脑"窗口

　　单击"查看"按钮 ▦▾，可以更改显示文件的方式。
　　"缩略图"视图将文件夹所包含的图像显示在文件夹图标上，因而可以快速识别该文件夹中的内容。例如，如果将图片存储在几个不同的文件夹中，通过"缩略图"视图，则可以迅速分辨出哪个文件夹包含用户需要的图片。默认情况下，Windows 在一个文件夹背景中最多显示四张图像。

"平铺"视图以图标形式显示文件和文件夹。这种图标比"图标"视图的要大，并且将所选的分类信息显示在文件或文件夹名下面。例如，如果用户将文件按类型分类，则"Microsoft Word 文档"将出现在 Microsoft Word 文档的文件名下。

"图标"视图以图标形式显示文件和文件夹。文件名显示在图标之下，但是不显示分类信息。在这种视图中，用户可以分组显示文件和文件夹。

"列表"视图以文件或文件夹名列表形式显示文件夹内容，其内容前面为小图标。当文件夹中包含很多文件，并且想在列表中快速查找一个文件名时，这种视图非常方便。

在"详细信息"视图中，Windows 列出已打开的文件夹的内容，并提供有关文件的详细信息，包括名称、类型、大小和更改日期。在"详细信息"视图中，也可以按组排列文件。

1.4.2 "Windows 资源管理器"程序

"Windows 资源管理器"显示了用户计算机上的文件、文件夹和驱动器的分层结构，使用资源管理器可以更方便地实现浏览、查看、移动和复制文件或文件夹等操作，用户可以不必打开多个窗口，而只在一个窗口中浏览所有的磁盘和文件夹。例如，用户可以打开要复制或者移动文件的文件夹，然后将需要的文件拖动到另一个文件夹或驱动器中。启动"Windows 资源管理器"的方法很多，常用的方法如下所述。

1）选择"开始 | 程序 | 附件 |Windows 资源管理器"选项。
2）右击"开始"按钮，在弹出的快捷菜单中选择"Windows 资源管理器"选项。
3）右击"我的电脑"图标，在弹出的快捷菜单中选择"Windows 资源管理器"选项。
4）在"我的电脑"窗口，单击工具栏上的"文件夹"按钮，在窗口左侧就会出现文件的树状目录结构，也就是从"我的电脑"模式切换到"Windows 资源管理器"模式。

打开"Windows 资源管理器"窗口，如图 1-16 所示。

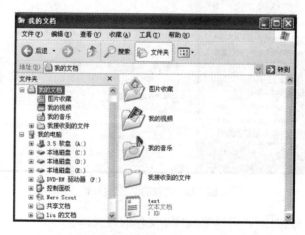

图 1-16　"Windows 资源管理器"窗口

在"Windows 资源管理器"窗口中，左侧的窗口显示了当前所有磁盘和文件夹，右侧的窗口用于显示当前选中的磁盘和文件夹中的内容。

在左侧的窗口中，若驱动器或文件夹前面有田号，表明该驱动器或文件夹有下一级子文件夹，单击该田号可展开其所包含的子文件夹。当展开驱动器或文件夹后，田号会变成一号，表明该驱动器或文件夹已展开，单击一号，可折叠已展开的内容。

若要移动或复制文件或文件夹，可选中要移动或复制的文件或文件夹右击，在弹出的快捷菜单中选择"剪切"或"复制"命令。单击要移动或复制到的磁盘前的田号，打开该磁盘，选择要移动或复制到的文件夹，右击，在弹出的快捷菜单中选择"粘贴"命令即可。

1.4.3　"控制面板"程序

"控制面板"提供了专门用于更改 Windows 的外观和行为方式的工具。有些工具可以帮助用户调整计算机的设置，从而使得计算机操作更加有趣。例如，用户可以通过"控制面板"中的"鼠标"选项将标准鼠标指针替换为动画图标，或者通过"控制面板"中的"声音和音频设备"选项将标准的系统声音替换为其他声音。

选择"开始 | 控制面板"命令，可打开"控制面板"，如图 1-17 所示。

图 1-17　"控制面板"窗口

"控制面板"窗口视图有两种显示方式：分类视图和经典视图。

首次打开"控制面板"时，用户将看到"控制面板"中最常用的项目，这些项目按照功能分类进行组织。要在"分类"视图下查看"控制面板"中某一项目的详细信息，可以用鼠标指向该项目图标或类别名称，然后阅读显示的文本。要打开某个项目，单击该项目图标或类别名。

如果打开"控制面板"时没有看到所需要的项目，单击"切换到经典视图"。在经典视图下，"控制面板"窗口中系统设置项目将逐个全部显示，如图 1-18 所示。要打开某个项目，双击它的图标。要在"经典控制面板"视图下查看"控制面板"中某一项目的详细信息，用鼠标指针指向该图标名称，然后阅读显示的文本。

图 1-18　经典视图下的"控制面板"窗口

1. 系统环境设置

Windows 系统自带了许多图片，用户可以将它们设置为自己的桌面背景，使自己的桌面更具特色。在"控制面板"中单击"显示"选项，会弹出"显示 属性"对话框，如图 1-19 所示。其中包含了五个选项卡，用户可以在各选项卡中进行个性化设置。

图 1-19　"显示 属性"对话框

在"主题"选项卡中用户可以为背景加一组声音，在"主题"选项中单击向下的箭头，在弹出的下拉列表框中有多种选项。

在"桌面"选项卡中用户可以设置自己的桌面背景，如图 1-19 所示。在"背景"列表框中，提供了多种风格的图片，可根据自己的喜好来选择，也可以通过浏览的方式从已保存的文件中调入自己喜爱的图片。在"位置"下拉列表中，单击"居中""平铺"或

"拉伸"选项,可以设置图片在桌面上的位置。从"颜色"下拉列表中选择颜色,该颜色用于填充桌面上没有使用图片的空间。单击"自定义桌面"按钮,将弹出"桌面项目"对话框,在"桌面图标"选项组中可以选择在桌面上显示的图标。

在"屏幕保护程序"选项卡中,用户可以设置"屏幕保护程序"。设置"屏幕保护"使计算机在不使用时按设定时间自动启动运行,保护显示器。在"屏幕保护程序"下拉列表框中提供了各种屏幕保护程序,选择屏幕保护程序后,如果计算机空闲了一定的时间(在"等待"中指定的分钟数),屏幕保护程序就会自动启动。单击"预览"按钮可以查看所选屏幕保护程序的显示效果,移动鼠标或按任意键结束预览。单击"屏幕保护程序"选项卡中的"设置"按钮,可以查看特定屏幕保护程序的可能设置选项。

在"外观"选项卡中,用户可以改变窗口和按钮的样式,在"字体"下拉列表框中可以改变标题栏上字体显示的大小。

在"设置"选项卡中,可以设置一些高级显示属性。在"屏幕分辨率"选项中,拖动小滑块可以调整其分辨率,分辨率越高,在屏幕上显示的信息越多,画面就越逼真。在"颜色质量"下拉列表框中有中(16 位)、高(24 位)和最高(32 位)三种选择。显卡所支持的颜色质量位数越高,显示画面的质量就越好。单击"高级"按钮,弹出"显示 属性"对话框,在这里显示关于显示器及显卡的硬件信息和一些相关的设置。

2. 添加或删除程序

"添加/删除程序"可以帮助用户管理计算机上的程序和组件,可以使用它从光盘、软盘或网络添加程序(如 Microsoft Office),或者通过 Internet 添加 Windows 新的功能。"添加/删除程序"也可以帮助用户添加或删除在初始安装时没有选择的 Windows 组件(如网络服务等)。在"控制面板"窗口单击"添加/删除程序"选项,弹出"添加或删除程序"对话框,如图 1-20 所示。

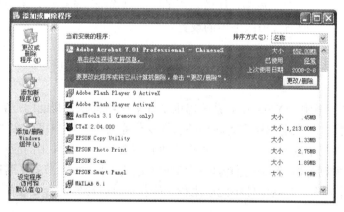

图 1-20　"添加或删除程序"对话框

(1)更改或删除程序

Windows 系统中安装的程序,当用户不再需要,或者需要对安装的程序进行某些修改时,可以通过"更改或删除程序"选项来实现。单击要更改或删除的程序,再单击"更改/删除"按钮。

（2）添加新程序

单击"添加或删除程序"对话框中的"添加新程序"选项，弹出"添加新程序"对话框，可以为系统安装新的程序。界面上提供了两种安装方法：一种是从 CD-ROM 或软盘来安装程序；另一种是从 Microsoft 添加程序。如果在本地机上进行安装，则单击"CD或软盘"按钮，然后按照屏幕上的提示操作。如果用户通过网络安装新的 Windows 功能或者进行驱动程序的下载或系统更新，可单击"Windows Update"按钮，程序自动进行网络安装。

（3）添加/删除 Windows 组件

Windows 中提供了大量的 Windows 组件供用户使用，单击"添加或删除程序"对话框左侧的"添加/删除 Windows 组件"，可以帮助用户添加或删除 Windows 组件。

3．Internet 选项设置

"控制面板"中提供了"Internet 选项"，用户可以在这里更改 IE 浏览器的默认设置，使其更符合用户的个人使用习惯。具体操作步骤如下：执行"控制面板 | Internet 选项"命令，打开"Internet 选项"对话框，选择"常规"选项卡。在"主页"选项卡中单击"使用当前页"按钮，可以将启动 IE 浏览器时打开的默认主页设置为当前打开的网页；如果单击"使用默认页"按钮，则可以在启动 IE 浏览器的同时打开默认主页；如果单击"使用空白页"按钮，则可以在启动 IE 浏览器时不打开任何网页。

在 IE 浏览器窗口，用户单击窗口工具栏上的"历史"按钮就可以查看所有访问过的网页记录，上网时间越长历史记录也就越多。用户可以在"Internet 选项"设置对话框中设定历史记录的保存时间，经过一段时间后，系统会自动清除这段时间内的历史记录。设置历史记录的保存时间，可以在"常规"选项卡的"网页保存在历史记录中的天数"文本框中输入即可。单击"清除历史记录"按钮，可清除现有的网页历史记录。

在"Internet 选项"对话框中，比较常用的还有"连接"选项卡，用户可以进行拨号、虚拟专用网络以及局域网代理服务器的设置。

1.5　Windows"附件"应用程序

为了方便用户操作，Windows 系统提供了许多应用程序来帮助用户完成一些常用操作，Windows 将这些应用程序作为附件整合在操作系统中。用户可以在"开始"菜单中"程序"的"附件"中选择相应的应用程序来进行管理操作。附件中的应用程序虽然没有专业应用程序功能强大，但是它们占内存和磁盘空间很小，大大节省了时间和系统资源，有效地提高工作效率。这些附件中的应用程序操作方便，比较适合处理简单的日常工作。

1.5.1　"记事本"程序

"记事本"是一个用来创建简单文档的基本的文本编辑器，适于编写一些篇幅短小的文章，由于它使用方便、快捷，所以应用比较广泛，如一些程序的 Readme 文件、创建网页的 HTML 文档都可以用"记事本"来进行编辑和查看。

执行"开始 | 程序 | 附件 | 记事本"命令，打开"记事本"应用程序窗口，如图 1-21

所示，该窗口与其他的 Windows 窗口风格类似，包括标题栏、菜单栏、状态栏和编辑窗口。

图1-21　"记事本"窗口

下面介绍"记事本"的使用方法。

1. 文件操作

"记事本"提供的文件操作包括新建文件、打开文件、保存文件、文件另存为、页面设置、打印文件等功能。单击"文件"菜单，选择相应的子菜单即可。

2. 编辑文件

单击"编辑"菜单，在其下拉菜单中列出了"记事本"支持的编辑文本子菜单，除了撤销、剪切、复制、粘贴、删除、全选等基本操作外，还包括查找、替换等高级文本搜索功能，进行这些操作可以直接单击下拉选项，也可以使用对应的快捷键。

查找文档，单击"编辑"菜单中的"查找"子菜单，在"查找内容"栏中填入要查找的关键字，选择查找方向，如果要区分大小写，选择"区分大小写"复选框，然后单击"查找下一个"按钮，如图 1-22 所示。

替换文档，单击"编辑"菜单中的"替换"子菜单，在"查找内容"文本框中填入要查找的关键字，在"替换为"文本框中填入要替换的文档，如果要区分大小写，选择"区分大小写"复选框，然后单击"替换"按钮，即可将文档中的内容进行替换，如图 1-23 所示。

图1-22　"查找"对话框　　　　　　　　图1-23　"替换"对话框

3. 格式设置

"格式"菜单中包括两项功能：自动换行和字体设置。自动换行功能提供了简单的文字排版功能，设置了该选项后，"记事本"将根据编辑窗口宽度的改变自动换行。字体设置对话框如图 1-24 所示。

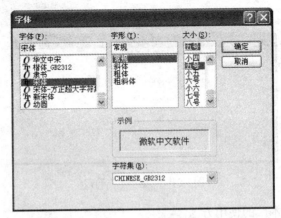

图 1-24　"字体"对话框

在该对话框中，用户可以对所编辑文本的字体、字形、大小和字符集进行设置。字体属性的改变将作用到所有的编辑文本。

4．在文档中插入日期和时间

记事本提供了方便的途径让用户在文档中插入时间和日期。

1）将光标移动到要添加时间和日期的位置，在"编辑"菜单上，单击"时间/日期"选项，记事本在文档的当前位置插入系统日期和时间。

2）在文档开始位置输入".LOG"，回车换行。保存后每次打开文档，记事本将自动更新当前日期和时间。

5．打印记事本文档

执行"文件 | 打印"命令，在"常规"选项卡上，单击所需的打印机和选项，然后单击"打印"按钮。如果要更改打印文档的外观，执行"文件 | 页面设置"命令，弹出"页面设置"对话框，如图 1-25 所示，进行页面的设置。

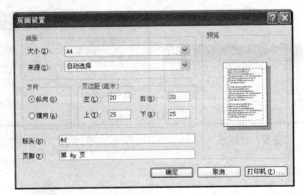

图 1-25　"页面设置"对话框

1.5.2　"写字板"程序

"写字板"是一个使用简单、功能强大的文字处理程序，用户可以用它进行日常工作中文件的编辑。与"记事本"相比，它提供了更加强大的排版功能，不仅可以进行中英文文档编辑，而且还可以图文混排，插入图片、声音、视频剪辑等多媒体资料。

执行"开始 | 程序 | 附件 | 写字板"命令，即可打开"写字板"应用程序窗口，如图 1-26 所示。

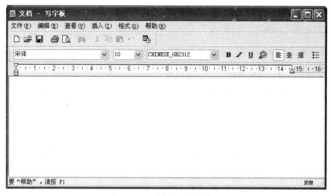

图 1-26　"写字板"窗口

"写字板"窗口是由标题栏、菜单栏、工具栏、格式栏、水平标尺、状态栏和编辑窗口组成的。从图 1-26 可以看出，写字板的界面风格和功能与字处理软件 Word 很相近。

1. 新建文档

用户如果要新建文档，可以执行"文件 | 新建"命令，然后在弹出的对话框中选择要编辑的文件类型，单击"确定"按钮即可完成新建文件操作。写字板可以创建三种类型的文档：RTF 文档，即 Rich Text Format 格式文件；文本文档，即单纯文本信息，不含格式化信息；Unicode 文本文档，即采用世界统一编码的 Unicode 格式的文件。

2. 编辑文档

新建文档后，就可以进行文本的录入和编辑了。"写字板"在"编辑"菜单和"插入"菜单中提供了功能强大的图文混排以及文本编辑功能。"写字板"的"编辑"菜单与"记事本"的"编辑"菜单相比，添加了"特殊粘贴""链接""对象属性""对象"等选项。

"插入"菜单提供了"日期和时间"和"对象"两个子菜单项。在"记事本"中，也提供了日期和时间功能，但是只有单一的格式。在"写字板"中提供了多种时间格式。

执行"插入 | 对象"命令，将弹出"插入对象"对话框。"写字板"支持将 Excel 工作表、Word 文档、画笔图片等以对象的形式嵌入文档中，如要在文档中插入一个 Excel 工作表，在"对象类型"列表里选中 Excel 工作表，单击"确定"按钮即可。插入对象后，可以选择"编辑"菜单中的"对象属性"命令对其属性进行查看，也可以选择"编辑"菜单中的"工作表对象"命令对工作表内容进行编辑修改。

3. 格式设置

单击"格式"菜单,"写字板"提供了"字体""项目符号样式""段落""跳格键"四种格式操作的子菜单。下面分别进行说明。

1)在"写字板"中的"字体"子菜单与"记事本"的相比增加了删除线和下划线选项。在字体设置中,与"记事本"最大的差别就是它对于字体的改变可以作用于当前所编辑文档的一部分,而不是只能对整个文档起作用。

2)"项目符号样式"子菜单是"记事本"中所没有的,可以通过单击"项目符号样式"创建项目符号列表。单击"格式"菜单中"项目符号样式"选项,输入文本,当按Enter键时,另一个项目符号将出现在下一行,要中止项目符号列表,可再次单击"格式"菜单上的"项目符号样式"选项。

3)"段落"子菜单提供了对段落格式进行修改的功能。设置时,首先单击待编排段落中的任意位置,然后单击"段落"子菜单,在弹出的对话框中对缩进以及对齐方式进行修改。

4)"跳格键"子菜单可以对跳格键的尺寸进行设置。输入跳格键宽度,然后单击"设置"按钮即可。

1.5.3 "画图"程序

"画图"是个简单实用的绘图工具,可以用来创建简单或者精美的图画,这些图画可以是黑白或彩色的,并可以存为位图文件,另外也可以打印绘图,并将它作为桌面背景或者粘贴到另一个文档中,甚至还可以用"画图"程序查看和编辑扫描好的照片,可以用"画图"程序处理多种格式的图片。

1. "画图"界面

当用户要使用"画图"工具画图时,执行"开始 | 程序 | 附件 | 画图"命令,这时用户就进入"画图"窗口了,如图1-27所示。

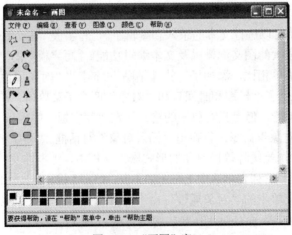

图1-27   "画图"窗口

"画图"应用程序窗口具有 Windows 窗口的风格,由以下几部分组成。

(1)标题栏

标题栏标明了用户正在使用的应用程序名称和正在编辑的图形文件。

(2)菜单栏

菜单栏提供了用户在操作时要用到的各种命令菜单。

(3)绘图工具箱

绘图工具箱包含了 16 种常用的绘图工具和一个辅助选择框,为用户提供多种绘图选择。工具箱中从左到右,从上到下的工具依次是任意形状裁剪、选择、橡皮、填充、取色、放大、铅笔、排刷、喷枪、文字、直线、曲线、矩形、多边形、椭圆和圆角矩形。

(4)颜料盒

颜料盒由显示多种颜色的小色块组成,用户可以随意改变绘图颜色,也可以自定义新的颜色。

(5)调色板

调色板提供绘图的前景颜色和背景颜色。

(6)状态栏

状态栏显示各种状态或提示,并且它的内容可以随光标的移动而改变,标明了当前鼠标所处位置的坐标。

(7)绘图区

绘图区处于整个窗口的中间,为用户提供画布,用户只能在画布范围内进行图像处理。

2. 在"画图"中绘制图形

"画图"的工具箱提供了多种绘图工具,主要包括线条工具和图形工具,下面分别介绍。

(1)绘制直线

在工具箱中先单击"直线"按钮＼,然后在工具箱下面,单击线宽,在绘图区内拖动指针,即可画出一条直线。如果想要画出完美的水平线、垂直线或 45°斜线,就要按住 Shift 键,同时在绘图区中拖动光标指针。如果按下鼠标左键拖动指针,则线条的颜色是调色板中的前景颜色;如果按下鼠标右键拖动指针,则线条的颜色是调色板中的背景颜色。

(2)画曲线

在工具箱中单击"曲线"按钮﹖,在工具箱下面,单击线宽,拖动光标指针,绘制直线。单击曲线的一个弧所在的位置,然后拖动指针调整曲线形状,对第二个弧线重复该操作。

(3)画椭圆

在工具箱中单击"椭圆"按钮◉,在工具箱下方,单击填充形式,拖动指针,即可绘制椭圆或圆。

（4）画矩形

在工具箱中，单击"矩形"按钮▭创建正角矩形，或者单击"圆角矩形"▢按钮创建圆角矩形，在工具箱下方，单击填充形式。如果要画矩形，则沿所需的对角线方向拖动光标指针，要画正方形；则在拖动光标指针时按住 Shift 键。

（5）画多边形

在工具箱中单击"多边形"按钮◿，在工具箱下方，单击填充形式，拖动光标指针，即可绘制直线，在想要新线段出现的每个位置单击一次，完成多边形后双击绘图区即可。

3．使用颜色

（1）设置默认前景颜色和背景颜色

要设置前景颜色，则单击颜色框中的颜色。右击颜色框中的颜色，可以设置背景颜色。

（2）用颜色填充区域或对象

在工具箱中，单击"用颜色填充"按钮🎨。如果所需的颜色既不同于当前的前景颜色，也不同于当前的背景颜色，则单击或右击颜色框中的一种颜色，然后单击或右击要填充的区域或对象。

（3）用刷子画图

在工具箱中，单击"刷子"按钮🖌，在工具箱下方，单击刷子形状，在颜色框中选择刷子颜色，要进行画图，则拖动鼠标指针经过图像。

（4）创造喷雾效果

在工具箱中单击"喷枪"按钮✒，在工具箱下方，单击喷雾尺寸，若要喷雾，则拖动鼠标指针经过图像。

（5）创建自定义颜色

在颜料盒中单击要更改的颜色，在"颜色"菜单上单击"编辑颜色"命令，在弹出的"编辑颜色"对话框中，单击"规定自定义颜色"按钮，单击颜色样本，更改其"色调"和"饱和度"，然后移动颜色梯度中的滑块改变其"亮度"，单击"添加到自定义颜色"按钮，如图 1-28 所示。

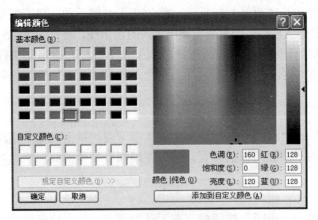

图 1-28　"编辑颜色"对话框

（6）更改当前线条颜色

在工具箱中单击"用颜色填充"按钮🐾，单击颜料盒中的其他颜色，单击要更改的线条。

（7）在不同区域或对象之间复制颜色

在工具箱中单击"取色"按钮✏，单击包含要复制颜色的区域，然后在工具箱中单击"用颜色填充"按钮🐾，单击要换为新颜色的对象或区域。

4. 在"画图"中编辑图像

使用"画图"软件可以对各种格式的图片进行编辑修改，如在图片上添加文字、图片按角度旋转、图片按比例拉伸扭曲、图片反色处理等。在"画图"窗口中执行"文件"菜单下的"打开"子菜单，在绘图区中显示一张图片。单击"工具栏"中的"文字"按钮**A**，可在图片的相应位置添加文字。单击"查看"中的"字体"工具栏，打开"字体"工具栏，可选择适当的字体、字号等。

单击"画图"窗口中"图像"菜单下的各子菜单，可以对图片进行翻转、拉伸等操作。

图片被编辑保存后，可以打印输出，具体的操作在"文件"菜单中实现的，用户可以直接单击相关命令即可。

1.5.4　"计算器"程序

计算器是 Windows 在附件中提供的另一个办公用小程序。其中的标准型计算器（见图 1-29）可帮助用户完成一般的计算；科学型计算器（见图 1-30）可解决较为复杂的数理问题以及进行不同进制数的转换。用户在运行其他 Windows 应用程序过程中，如果需要进行有关的计算，可以随时调用 Windows 中的计算器。

图 1-29　标准型计算器

图 1-30　科学型计算器

执行"开始 | 程序 | 附件 | 计算器"命令，可以打开 Windows 的"计算器"窗口。从窗口的"查看"菜单中选"科学型"命令，可以从标准型计算器窗口切换到科学型计算器窗口。

Windows 中的计算器与一般计算器的格式和使用方法基本相同。例如，在标准型计算器中，用鼠标在计算器的各个按钮上单击，就和用手指在一般计算器上按键操作一样，各按钮功能如表 1-1 所示。

表 1-1　　"计算器"的按钮功能

按　钮	功　　能	按　钮	功　　能
+	加	1/x	计算倒数
-	减	Backspace	删除最后一次键入的数
*	乘	C	清除计算结果
/	除	CE	清除所显示的数
+/-	改变数值的正负号	MC	清除内存中的全部数值
.	小数点	MR	显示内存中的数值
sqrt	平方根	MS	将所显示的数存入内存
%	百分比	M+	显示栏数值与内存的数值相加
=	显示计算结果		

如果要把计算的结果直接提取到有关的应用程序中，则需要先在"计算器"窗口，从"编辑"菜单中选择"复制"命令，然后转到有关的应用程序窗口，移动插入点位置到准备提取计算结果的地方，再从"编辑"菜单中选择"粘贴"命令即可。

1.5.5　　"系统工具"程序

执行"开始 | 程序 | 附件 | 系统工具"命令，可以进行以下操作：磁盘清理、磁盘碎片整理程序、任务计划、文件和设置转移向导、系统还原、系统信息和字符映射表。常用的操作有"磁盘清理"和"磁盘碎片整理程序"。

1. 磁盘清理

使用磁盘清理程序可以帮助用户释放硬盘驱动器空间，删除临时 Internet 文件、Internet 缓存文件，还可以安全地删除所有下载的程序文件、清空回收站、删除 Windows 临时文件、删除不再使用的 Windows 组件、删除不再使用的已安装程序，腾出它们占用的系统资源，以提高系统性能。执行磁盘清理程序的具体步骤如下。

1）执行"开始 | 程序 | 附件 | 系统工具 | 磁盘清理"命令。

2）打开"选择驱动器"对话框。

3）在该对话框中选择要进行清理的驱动器，选择后单击"确定"按钮，弹出该驱动器的"磁盘清理"对话框，选择"磁盘清理"选项卡。

4）在该选项卡中的"要删除的文件"列表框中列出了可删除的文件类型及其所占用的磁盘空间，选中某种文件类型前的复选框，在进行清理时即可将其删除；在"获取的磁盘空间总数"中显示了若删除所有选中复选框的文件类型后，可得到的磁盘空间总数；在"描述"框中显示了当前选择的文件类型的描述信息，单击"查看文件"按钮，可查看该文件类型中所包含文件的具体信息。

5）单击"确定"按钮，将弹出磁盘清理的确认删除对话框，单击"是"按钮，弹出"磁盘清理"对话框。清理完毕后，该对话框将自动消失。

6）若要删除不用的可选 Windows 组件或卸载不用的安装程序，可选择"其他选项"选项卡。在该选项卡中单击"Windows 组件"或"安装的程序"选项组中的"清理"按钮，即可删除不用的可选 Windows 组件或卸载不用的安装程序。

2. 磁盘碎片整理程序

磁盘长时间使用后，会出现很多零散的空间和磁盘碎片，使一个文件可能会被分别存放在不同的磁盘分配单元中，这样访问该文件时系统就需要到不同的磁盘分配单元中去寻找，从而影响了访问速度。由于磁盘中的可用空间也是零散的，创建新文件或文件夹的速度也会降低。使用磁盘碎片整理程序可以重新安排文件在磁盘中的存储位置，将文件的存储位置整理到一起，实现提高运行速度的目的，以减少新文件出现碎片的范围。

执行"开始 | 程序 | 附件 | 系统工具 | 磁盘碎片整理程序"命令，打开"磁盘碎片整理程序"对话框，如图 1-31 所示。

在该对话框中显示了磁盘的一些状态和系统信息。选择一个磁盘，单击"分析"按钮，系统就可以分析该磁盘是否需要进行磁盘整理，并弹出是否需要进行磁盘碎片整理的对话框。在该对话框中单击"查看报告"按钮，可弹出"分析报告"对话框。在该对话框中显示了要整理的磁盘的卷标信息及零碎的文件信息，单击"碎片整理"按钮，开始磁盘碎片整理程序，系统会以不同的颜色条显示文件的零碎程度及碎片整理的进度。整理完毕后弹出对话框，提示用户磁盘整理程序已完成。单击"确定"按钮结束磁盘碎片整理。

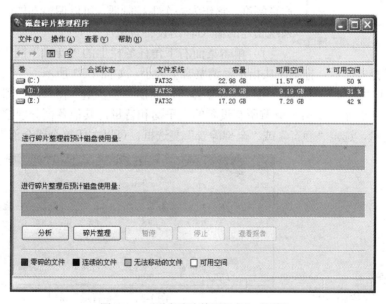

图 1-31　"磁盘碎片整理程序"对话框

1.6　Windows 多媒体管理

1.6.1　多媒体设备的管理

　　Windows 是面向多媒体计算机设计的操作系统。设备管理器中含有两个主要多媒体设备信息：音频编码解码器和视频编码解码器，从设备角度可检查这两个编码器的类别以验证其设置。

图 1-32　"设备管理器"窗口

　　启动"设备管理器"的步骤如下。

　　1）执行"我的电脑 | 系统任务 | 查看系统信息 | 硬件 | 设备管理器"命令，弹出"设备管理器"窗口，如图 1-32 所示。

　　2）单击"声音、视频和游戏控制器"选项，这里列出了各种多媒体设备。若要查看或配置某个设备，则可右击选定该设备后，在快捷菜单中选择"更新"（当有新设备安装时）、"扫描"（当有设备改动后）及"属性"（查看该设备详细信息）选项。

1.6.2　音量控制

　　"音量控制"用于控制总体音量，即调整多媒体设备上的声音幅度。它作为一个主控制器，可以调整立体声平衡以及与系统相连的输入/输出设备音量。

　　1）单击桌面右下角任务栏上的"音量"图标，可以打开基本音量控制面板，拖动滑块指示器调整音量大小，如图 1-33 所示。

　　2）双击"音量"图标，可以打开立体声混响器"主音量"窗口，如图 1-34 所示，最左侧的"主音量"框用于调节所有设备的主平衡和音量，其他各框分别控制不同设备的平衡和音量，选定"静音"或"全部静音"复选框，可以关闭单个或全部设备的声音。

图 1-33　音量控制面板

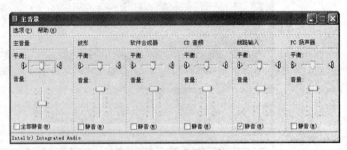

图 1-34　"主音量"窗口

　　3）右击"音量"图标，从快捷菜单中执行"调整音频属性"命令，可弹出如图 1-35 所示的"声音和音频设备 属性"对话框。其中"音量"选项卡，用于设置总体音量大小以及"音量"图标是否显示在桌面；"声音"选项卡，可以为计算机从启动到关闭的操作过程中的各种声音提示方案；"音频"选项卡，用于设置"播放"音频时、播放 MIDI 时以及"录音"时各自所用的声卡和波表;"语声"选项卡,用于设置语音播放和录音时所使用的声卡设备;"硬件"选项卡,用于查看各类与声音有关的设备的属性。

图 1-35　"声音和音频设备 属性"对话框

1.7　键盘布局与中英文输入法

1.7.1　输入法概述

向计算机输入信息,目前分为键盘输入法和非键盘输入法两大类。

1. 非键盘输入法

非键盘输入法主要有扫描识别输入法、手写识别输入法和语音识别输入法。

（1）扫描识别输入法

扫描识别输入法是指采用扫描仪、扫描笔等捕获图像的设备,加上识别软件,将图像转换为计算机可以显示、编辑、存储和输出的数字格式的方法。

（2）手写识别输入法

手写识别输入法是指通过手写板的笔输入系统,借助于汉字字符集的识别,按照人们日常习惯的书写方式进行输入的方法,分为联机手写汉字和脱机手写汉字两类。

（3）语音识别输入法

语音识别输入法是指基于语音识别技术的语音输入系统,该类系统可用于声控打字和语音导航。从世界范围来看,语音识别还处于研究阶段。我国已有多种方案,但是尚未达到普及使用阶段。

2. 键盘输入法

键盘输入法是指通过计算机标准键盘输入中英文。汉字的键盘输入是通过对汉字的编码,再通过输入这种输入码来实现,所以也称为汉字编码输入。目前,汉字编码按编码规则区分,一般可分为以下四大类型。

（1）流水码

流水码也称序号码，是将汉字按一定顺序逐一赋予号码，如国标区位码和电报码，其优点是无重码，但记忆强度大，不适合普及。

（2）音码

音码是输入汉字的拼音或拼音代码（如全拼码和双拼码），对"听打"输入有优势。缺点是重码多而影响输入速度。

（3）形码

形码采用汉字字形信息特征（如整字、字根、笔画、码元等），按一定规则编码。它利用人们已有的汉字字形背景知识，无需拼音知识，对于"看打"有优势，输入速度较快，适合于专业录入人员。

（4）音形码和形音码

音形码和形音码两种方法吸收了音码和形码的长处，重码率低，较易掌握。目前，一些智能技术被用于编码，如智能 ABC。

1.7.2　键盘布局与基本指法

1. 打字姿势

正确的打字姿势有利于打字的准确和速度的提高，也使身体不易疲劳。

打字时，坐姿端正，腰背挺直，上臂自然下垂，两肘轻贴腋边；指、腕不要压着键盘，手指微曲，轻置按键之上；座位高度适中，以肘部与台面大致平行为好；眼睛与显示器相距不少于 50cm。

2. 标准键盘布局

键盘布局指按键在键盘上分布方式的定义。Microsoft 默认的是 104 标准键盘，如图 1-36 所示。此类键盘的字母符号排列位置是根据英文字母使用的频率高低而设计的，共分为四个区，即功能键区、打字键区（主键盘区）、编辑键区和数字键区（小键盘区），此外右上角有三个指示灯。

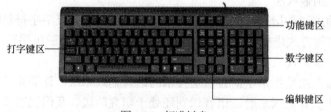

图 1-36　标准键盘

（1）功能键区

功能键区共 16 个键。Esc 键是取消或退出键。F1～F12 均为功能键，一般是作为快捷键使用，根据各个软件定义不同而不同。Print Screen 键是 DOS 下的屏幕打印键，在Windows 环境下，是把屏幕显示作为图形存于内存中。Scroll Lock 键，在某些环境下可以锁定滚动条。Pause Break 键用于暂停程序或命令的执行。

（2）打字键区（主键盘区）

打字键区共有 61 个键（字母键 26 个，数字符号键 21，控制键 14 个）。其中，数字符号键有上下两个符号，在上者称为上挡符号，在下者称为下挡符号。控制键中 Alt、Shift、Ctrl 键各有两个分布两边，功能相同。Shift 键称为换挡键，直接按下数字符号键输入的是下档符号，按下 Shift 键+数字符号键，则输入的是上挡符号。输入时默认字母为小写状态，按下 Caps Lock 键，则大写指示灯亮，输入的字母则为大写，可在两者之间切换。Alt 键和 Ctrl 键不能单独使用，必须和其他键组合使用来完成特定控制功能。空格键是向右移动光标添加空格。Enter 键是确认命令键。Backspace 键是向右退回的退格键。Tab 键是制表键，按下后向右移动八个字符位置，同时按下 Shift 键，则向左移动八个字符位置。Windows 键，两个键分别位于 Alt 键左右边，上有 Windows 徽标，按下可快速打开 Windows 的"开始"菜单。快捷菜单键（右侧 Ctrl 键和 Windows 键之间的键），按下则等于右击弹出的快捷菜单。

（3）编辑键区

编辑键区共有 10 个键。Delete 键是删除键，按下则删除光标位置的一个字符。Home 键是起始键，按下则将光标移动到行首。End 键是终点键，按下则将光标移动到行尾。Page Up 和 Page Down 是翻页键（前翻/后翻），按下则屏幕显示内容翻一页。四个方向键是将光标上下左右移动一个字符的位置。

（4）数字键区

数字键区共 17 个键，是为了提高数字输入速度而增设的。Num Lock 键用于在编辑键区和数字键区之间的切换，按下它，则"数字指示灯"亮，表示数字键区可以使用，否则表示处于编辑键区控制状态。

3．基本指法

（1）键盘指法分区

键盘指法分区如图 1-37 所示，它们被分配在两手的 10 个手指上。初学者应严格按照指法分区的规定敲击键盘，每个手指均有各自负责的上下键位，这里不适合"互相帮助"的原则。

图 1-37　键盘指法分区

（2）键盘指法分工

键盘第三排上的 A、S、D、F、J、K、L、；共八个键位为基准键位，如图 1-38 所示。

其中，在 F、J 两个键位上均有一个突起的短横条，用左右手的两个食指可触摸这两个键以确定其他手指的键位。

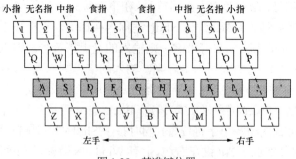

图 1-38　基准键位置

（3）数字键盘指法练习

数字键盘位于键盘的最右边，也称小键盘区。适合于对大量的数字进行输入的用户，其操作简单，只用右手便可完成相应的操作。其键盘指法分工与主键盘区一样，基准键为 4、5、6。其指法分工如图 1-39 所示。

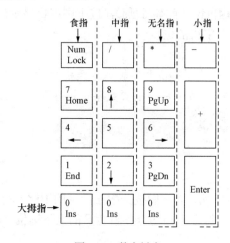

图 1-39　数字键盘

1.7.3　中文输入法的添加、设置与删除

中文 Windows 系统内预装有微软拼音、全拼、双拼、郑码、区位和智能 ABC 等输入法，各种汉字键盘输入系统也称为汉字平台。此外，用户还可以根据需求，任意安装或卸载某种输入法以及进行属性设置。

安装和添加中文输入法步骤如下。

（1）输入法的安装

在"控制面板"中单击"添加/删除程序"项，在出现的窗口中单击"添加新程序"按钮，可选择从软盘或光盘安装新程序，或从微软公司的网站上下载安装更新程序。

（2）添加输入法的方法

打开"控制面板"的"区域与语言选项"对话框，单击其中"语言"选项卡上的"详细信息"按钮，弹出"文字服务和输入语言"对话框，在"设置"选项卡上添加该输入法。

（3）输入法属性的设置

在"文字服务和输入语言"对话框中的"语言"选项卡上单击"键设置"按钮，打开"高级键设置"对话框，在列表中选定这种输入法后单击"更改按键顺序"按钮，弹出"更改按键顺序"对话框，在这里可以对输入法进行各种有关设置。

（4）输入法的删除

右击任务栏上的"语言栏"，从其弹出的快捷菜单中选择"设置"选项，打开"文字服务和输入语言"对话框，选取准备删除的输入法，单击"删除"按钮，可删除在列表中选定的语言和文字服务功能。重启计算机后，已删除的选项将不再加载到计算机上。

1.7.4　输入法的调用与使用

安装中文输入法后，用户便可以在操作过程中随时调用或切换输入法。

1.　输入法的启动与选择

键盘法：单击 Ctrl+空格组合键可打开或关闭中文输入法；单击 Ctrl+Shift 组合键在英文与各种中文输入法之间切换。

鼠标法：单击任务栏上的语言栏中的"输入法指示器"按钮，在弹出的当前系统已安装的输入法列表中选择即可，如图 1-40 所示。

图 1-40　使用任务栏"输入法指示器"切换输入法

2.　输入法的窗口

用户选择了某个输入法后，屏幕上会出现输入法窗口界面，其中动态地包含了三个组件：输入法状态组件、输入组件和候选组件（有的输入法后两者合二为一），如图 1-41 所示。

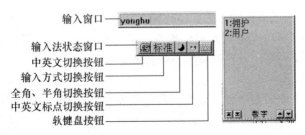

图 1-41　输入法窗口界面

"中英文切换"按钮等价于按 Ctrl+空格键；"输入方式切换"按钮用于在各种中文输入方式之间切换；"全角、半角切换"按钮用于设定字符是占用一个还是两个英文字符的位置，"中英文标点切换"按钮用于中英文标点切换，中英文标点键盘位置对照如表 1-2 所示。

表 1-2　中英文标点键盘位置对照

中文符号	键　位	说　明	中文符号	键　位	说　明
。句号	.		（左括号	(	
，逗号	,		）右括号	)	
；分号	;		〈《单双书名号	〈	自动嵌套
：冒号	:		〉》单双书名号	〉	自动嵌套
？问号	?		……省略号	^	双符处理
！感叹号	!		——破折号	-	双符处理
""双引号	"	自动配对	、顿号	\	
''单引号	'	自动配对	￥人民币符号	$	

"软键盘"按钮用于开关软键盘和选择软键盘类型。Windows 内置的中文输入法共提供了 13 种软键盘。软键盘的默认状态为标准 PC 键盘。软键盘提供了一些特殊字符的键盘布局供用户采用。

右击"软键盘"按钮，在列表中选取所需软键盘，如图 1-42 所示，调出相应软键盘输入所需符号，如图 1-43 所示，最后再次单击"软键盘"按钮关闭软键盘。

图 1-42　软键盘类型选择菜单 　　　　图 1-43　"标点符号"软键盘

3. 智能 ABC 汉字输入法简介

智能 ABC 是一种以拼音为主的智能化键盘输入法。字、词输入可以按全拼、简拼或混拼形式输入，不需要切换输入方式。此外，还提供了具有自动筛选能力的动态词汇库系统以及用户自定义词汇，设置词频调整的智能特色。

（1）默认输入状态

若锁定大写，不能输入中文。输入过程中，空格键实现由拼音到汉字的变换功能。Esc 键取消输入过程或者变换结果。Backspace 键向左删除汉字或变换结果。数字键用于在候选区中选择重码词。

（2）单字、词的输入

一般按全拼、简拼、混拼，或者笔形元素，或者是拼音与笔形组合方式输入，无需切换输入方式，输入完毕输入标点或按空格键结束，如表 1-3 所示。

1）隔音符号"'"，如 xian（先）与 xi'an（西安）等。

2）ü由 V 键代替，如 nü（女）输入为 nv 键。

3）全拼输入按词连写、按句组词，按空格键逐词确认。

4）简拼输入按音节的第一个字母输入，zh、ch、sh 音节可取前两个字母。

表 1-3　输入示例

全拼	简拼	混拼（简拼+全拼）	混拼（全拼+简拼）
changcheng 长城	cc 或 chc	ccheng	changch
jisuanji 计算机	Jsj	jsji	jisuanj
zhonghua 中华	z'h	z'hua	zhongh

（3）高频字、词的输入

分布于键盘字母名的高频字单音节词可用"简拼+空格键"输入，如表 1-4 所示。

表 1-4　高频字

Q 去	W 我	E 饿	R 日	T 他	Y 有	I 一	O 哦	P 批
A 啊	S 是	D 的	F 发	G 个	H 和	J 就	K 可	L 了
Z 在	X 小	C 才		B 不	N 年	M 没		

此外，下列音节 ZH（这）、SH（上）、CH（出）要分别输入。

双音节词、三音节词可以采用简拼或混拼输入，如 dn（电脑）、bj（比较）、ds（但是）、wt（问题）、jj（经济）、r'a（热爱）、yiny（音乐）；jsj（计算机）、wyh（委员会）、msk（莫斯科）、alpkydh（奥林匹克运动会）、t'am（天安门）等。

专有名词与术语的输入，可采取"Shift+首字母"，其余用小写字母来输入，如 Dfeng（党风）、Whan（武汉）、Nxia（宁夏）等。

（4）混拼中的笔形输入

笔形代码按 1 横（包括提）、2 竖、3 撇、4 捺（包括点）、5 折（竖左弯钩）、6 弯（右弯钩）、7 叉（包括十）、8 口形式来定义。

例如，x8s（显示）、s8b1（申报）。

（5）构造新词

例如，系统中没有"计算机系统"一词，则输入"jsjxt"+空格后，出现"1.计算机 xt"候选，数字键选 1 后，候选窗口继续组词显示"1.系统"，再选 1，按空格键变换为汉字新词。这样，分词构词过程完成，一个新词被存入系统暂存区，以后只要输入"jsjxt"就会自动出现该新词。

（6）设置词频调整

频度是词的使用频繁程序。智能 ABC 设计了自动进行词频调整的记忆功能，它能"记住"用户的常用词语，并将它们候选词序置于前列，供用户输入调用。

右击任务栏"输入法指示器"，选择"设置"选项，在弹出的"文字服务和输入语言"对话框中，选择"智能 ABC"，再单击"属性"按钮，选中"词频调整"项即可激活该功能。

第 2 章　文字处理软件 Word

2.1　Word 的基础知识

Word 软件是微软公司的 Office 套装软件中的一员。Microsoft Office 2003 办公自动化软件包含了 Word、Excel、PowerPoint、Access、InfoPath、Publisher、OneNote、Project 和 FrontPage 等几个主要的工具。Word 是一个功能强大的文字处理软件，不仅适用于各种文档的文字录入、编辑和排版，而且还可以插入各种图像、表格、声音等。

2.1.1　Word 的安装与功能简介

1．Word 2003 中文版的安装

将含有 Microsoft Office 2003 中文版安装程序的光盘插入光驱，或在资源管理器的光驱目录下运行 setup.exe 程序，即可进入 Office 的安装向导。在输入产品密钥和用户信息并接受"许可协议"中的条款后便进入安装类型对话框。用户可以选择"典型安装""完全安装""最小安装""自定义安装"。选择"典型安装"，将安装最常用的组件，其他功能可在首次使用时安装，也可以在以后通过"控制面板"中的"添加/删除程序"添加；选择"完全安装"，将安装 Microsoft Office 包括的全部组件和工具；选择"最小安装"，仅安装 Office 必需的最少组件；选择"自定义安装"，通过选择在计算机上确定安装哪些功能（可选组件，如语音输入、手写输入、公式编辑器、Microsoft Office Document Imaging 组件等）。

2．Word 2003 的功能简介

（1）编辑、排版功能

Word 2003 具有语音输入、手写输入、自动更正、项目符号与编号、拼写和语法检查、大小写转换、图形文字混排、即点即输、多块内容选定、查找与替换、简体繁体转换、汉字重选、给汉字加拼音、圆圈、方框等功能，以及丰富的字体、段落、页面的排版格式。

（2）文档管理功能

Word 2003 支持多种格式文件的创建和转换、文档自动保存、文档加密和文档保护、文档恢复等。

（3）表格处理功能

Word 2003 具有表格的制作和处理、表格数据的基本运算、自动套用表格格式、表格文字环绕、快速生成表格数据图表、表格内文字的多种对齐等功能。

（4）Internet 功能

Word 2003 支持超链接，使文档能够链接到本地的或外部服务器的文件上。使用 Web 工具栏可迅速打开、查找以及浏览网上的各种网页；可创建并发送电子邮件；利用联机协作功能可以安排和参加网络会议。

（5）其他功能

这包括多页预览、邮件合并、剪贴板、样式与模板、智能标记、任务窗格、数学公式编辑等。

2.1.2　Word 窗口的组成

启动 Word 程序后，打开如图 2-1 所示的工作窗口，该窗口由以下几个主要组成部分。

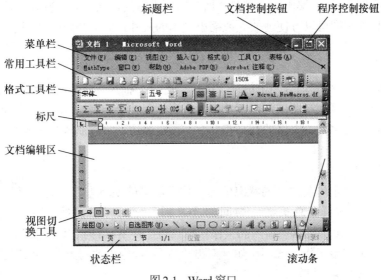

图 2-1　Word 窗口

1．标题栏

标题栏标明了当前文档的名称和当前使用的应用程序的名称。

2．菜单栏

用户可以通过选择菜单中的相应命令来实现对当前文档的有关操作。菜单栏中有九个菜单，每个菜单包含一组功能相似的菜单命令。为了便于使用，一些常用的菜单命令也可以在工具栏上的按钮中找到。

3．工具栏

Word 提供了丰富的工具栏，通常只显示"常用"与"格式"工具栏。执行"视图｜工具栏"命令，或者用鼠标右击菜单栏或工具栏上的任何位置，可调出工具栏菜单。从中可以选择显示或隐藏相应的工具栏。在工具栏菜单左边带有"√"标记的表示此工具栏已被选中，并显示在屏幕上。单击工具栏菜单下的"自定义"菜单项，弹出自定义对话框，用户可以选择一些常用的命令并将该命令按钮拖放至某个工具栏中，也可新建一个工具栏。

工具栏上有若干个工具按钮，用鼠标单击工具按钮可执行相应的操作。每个工具按钮所提供的功能都可以通过菜单命令实现，但使用工具按钮操作更简单。当鼠标移到某个工具按钮上时，在鼠标的下方会出现一个黄色的小方框，显示该工具按钮的功能信息。

4. 视图按钮

Word 支持普通视图、Web 版式视图、页面视图、大纲视图及阅读版式视图等多种文档的显示方式。Word 窗口左下角的四个按钮用来在几种最常用的视图间进行切换。每种视图对应不同的编辑方法。例如，如果要查看文档在打印页面上的显示，可切换到"页面视图"，这时编辑的文档是"所见即所得"的样式。如果打开文档是为了进行阅读，阅读版式视图可以方便地放大或缩小文本的尺寸，而不会影响文档中的字体大小。

5. 标尺

Word 提供了水平和垂直两个标尺。执行"视图 | 标尺"命令，水平标尺出现在编辑区的上方；只有在页面视图或打印预览中，垂直标尺才会出现在 Word 编辑区的最左侧。利用标尺可查看文本框、表格的行高和列宽、段落缩进、设置制表位以及页边距等。

6. 状态栏

状态栏主要显示当前文档的状态信息，位于屏幕的最下方。状态栏可显示光标所在的行数列数、当前页及总页数。中间的"录制""修订""扩展""改写"四个方框用于显示当前的的工作状态。当打开 Word 时它们呈灰色，双击某个方框可以启动或关闭该工作方式。比如，双击"改写"，则为改写方式（呈黑色）；当再次双击"改写"，则关闭"改写"方式。

7. 文本编辑区

文本编辑区又称为文档窗口，是 Word 文档录入与排版的区域。在该区域中可以进行文档的输入、修改、编辑、排版等工作。

2.2　文档的基本操作

2.2.1　文档管理

1）单击"常用"工具栏中的"新建空白文档"按钮，可建立空白文档。如果需要同时建立多个新文档，可以多次单击"新建空白文档"按钮，每当创建一个新文档，系统会自动给文档命名为文档1、文档2、文档3等。

2）执行"文件 | 新建"命令，可打开"新建文档"任务窗格。用户可以选择某种形式的文档或利用模板创建新文档。

3）打开文档：执行"文件 | 打开"命令，或单击"常用"工具栏的"打开"按钮，

可打开"打开"对话框。在该对话框中，可以通过"查找范围"列表框或其右端的下拉列表按钮，选择盘符和文件夹。在"打开"对话框中选定一个文档之后，单击"视图"按钮 中的"预览"选项，可预览文档内容，选择"属性"选项可查看该文档属性等。

4）打开最近编辑过的文档：在"文件"菜单的下拉菜单底部列出了 1～9 个最近编辑过的文档，单击某个文档的文件名，Word 会打开该文档。可以设置希望列出最近编辑过的文档数目，方法是：执行"工具 | 选项"命令，在打开的"选项"对话框中选择"常规"选项卡，选中"列出最近所用文件"复选框，在其文本框中输入文档数目，如图 2-2 所示。

5）打开多个文档：Word 可同时打开多个文档。方法是：在"打开"对话框中，用鼠标和 Shift 键或 Ctrl 键选中多个文件，然后单击"打开"按钮即可。

6）新建文档的保存：当第一次保存新建文档时，系统会在屏幕上弹出"另存为"对话框，如图 2-3 所示。在"保存位置"下拉列表框中可选择文件保存的位置，默认情况下，Word 将文档保存在当前用户的 My Documents 文件夹中；在"文件名"文本框中输入文件名，然后单击"保存"按钮即可。默认文档扩展名为.doc。在"另存为"对话框的"保存类型"下拉列表框中，还可将文档保存成为 htm 文件、rtf 文件、wps 文件、txt 文件等类型。其中，*.htm 是超文本网页格式文件，可在浏览器中浏览；*.rtf 文件类型的兼容性较强，可在许多文字处理软件中打开使用；*.wps 是金山公司的文件格式；*.txt 是纯文本文件，在该类文件中不含有任何排版格式。

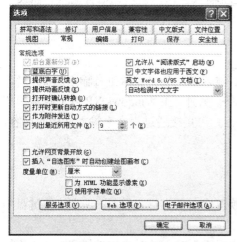

图 2-2　"选项"对话框　　　　　　　　　　　图 2-3　"另存为"对话框

7）保存已存在的文档：如果文档已经保存过，再对其进行操作，在操作结束后，必须存盘保存，可以单击"保存"按钮或执行"文件 | 保存"命令。

8）自动保存：Word 具有自动定时保存当前正在编辑的文件的功能。用户可设置定时保存的时间间隔。方法是：执行"工具 | 选项"命令，在弹出的"选项"对话框（如图 2-2 所示）中，选择"保存"选项卡，设置自动保存时间间隔。

9）设置文档密码：在"另存为"对话框（如图 2-3 所示）中，执行"工具 | 安全措施选项"命令，弹出的"安全性"对话框（如图 2-4 所示）。打开文件时或修改文件时，

在密码文本框中输入密码。还可单击"保护文档"按钮，进一步设置保护信息。

图2-4　"安全性"对话框

2.2.2　文档的输入

在字处理软件中，常用的文字输入方法有键盘输入、扫描输入、语音输入、软硬手写板输入等。

1. 汉字键盘输入

汉字键盘输入最方便的输入法是"智能 ABC 输入法"和"微软拼音输入法 2003"。使用软硬手写板可输入一些特殊汉字和个人签名等。另外，在 Windows XP 以上版本中集成了语音操作的方式，经过短暂的机器语音训练后，可直接通过声音来输入文档的内容，也可实现菜单、工具栏和对话框等的控制命令。

2. 各种符号的输入

1）常用的标点符号：通过输入法状态条切换汉字与英文标点符号，直接按键盘中的标点符号。

2）序号、数学符号、希腊字母等符号：在"标准"输入法时右击软键盘，可直接选择有关类和所需的字符。

3）特殊符号：可执行"插入 | 符号"命令输入。选定要插入的字符，单击"插入"按钮，便将选定的字符插入到插入点所在的位置，然后单击"关闭"按钮即可。

3. 插入点与段落标记

在文档编辑区中有一条闪烁的竖线，称为插入点。它表示当前文字输入的位置。当输入文字时，文字就显示在插入点位置上。可以通过鼠标、键盘、书签或执行"编辑 | 定位"命令或使用 Ctrl+G 组合键定位。输入内容到达右边界时，可以自动换行，只有在需

要开始新的段落时，才按 Enter 键。按 Enter 键后，将产生一个新的段落结束标记（简称段落标记），两个段落标记之间的内容被视为一个自然段。执行"视图｜显示段落标记"命令，可显示或隐藏段落标记。

4. 删除、撤销与恢复

可使用 Backspace 或 Delete 键删除插入点之前或之后的一个字符，使用 Ctrl+Backspace 或 Ctrl+Delete 组合键可删除插入点之前或之后的一个词。单击"常用"工具栏的"撤销键入"按钮或执行"编辑｜撤销键入"命令可向前撤销所有的编辑操作。执行"编辑｜撤销键入"命令可以向前撤销所编辑操作。选择"编辑｜恢复键入"命令可以向后恢复被"撤销"的操作。撤销也可用组合键 Ctrl+Z 实现。

5. 文本的块操作

文本的块操作包括文本块的选定、取消选定、删除、复制、移动和替换等。

（1）文本块的选定

用鼠标选定文字和图形的操作方法如表 2-1 所示。

表 2-1　用鼠标选定文字和图形的方法

要选定的内容	操 作 方 法
一块任何数量的文本	拖动鼠标扫过这些文本
同时选定多块文本	按住 Ctrl 键再拖动鼠标扫过这些文本
一个图形	单击该图形
一行文字	单击该行左端的选定栏
多行文字	将光标移动到行左端的选定栏，光标指针变为指向右上方的箭头后，按住左键向下或向上拖动鼠标
一个句子	按住 Ctrl 键，然后单击该句的任何地方
一个段落	双击该段落左端的选定栏，或者用鼠标三击该段落的任何地方
多个段落	将光标指针移动到该段落左端的选定栏，双击，并向下或向上拖动鼠标
垂直的文字块（不含表格单元格）	将光标移动到所选文本块的左上角，然后按住 Alt 键，向下（或向上）和向右（或向左）拖动鼠标到文本块末

用键盘选定文字和图形的操作方法如表 2-2 所示。

表 2-2　用键盘选定文字和图形的方法

按　键	功　能	按　键	功　能
Shift+↓	向下选定一行	Shift +End	选定从当前光标到行尾
Shift +↑	向上选定一行	Ctrl+Shift+Home	选定从当前光标到文档开始处
Shift +→	向右选定一个字符	Ctrl+Shift+End	选定从当前光标到文档结尾处
Shift +←	向左选定一个字符	Ctrl+A 或 Ctrl+小键盘 5	选定整个文档
Shift + Home	选定从当前光标到行首		

选定文本还可用扩展方式。方法是先将插入点移到需选定文本块开始的位置，用鼠标双击状态栏中的"扩展"框。使"扩展"二字变为黑色，然后通过移动方向键选取任

意数量的文本。要关闭此方式，再用鼠标双击此框或按 Esc 键即可。

（2）取消文本块的选定

将光标指针移到非选定的区域单击或按方向键即可。

（3）文本块的删除

先选定文本块，然后按 Delete 键即可。

（4）文本块的复制

先选定文本块，然后利用工具栏上"复制"按钮![img]和"粘贴"按钮![img]，或执行"编辑｜复制"和"编辑｜粘贴"命令，或使用快捷键 Ctrl+C 和 Ctrl+V 实现。也可利用系统的拖放功能操作：将鼠标指针移入被选定的文本区，按下鼠标左键，出现带方框的块操作指针时，再按住 Ctrl 键，拖动鼠标到目的地松开按键即可。

（5）文本块的移动

先选定文本块，然后利用工具栏上"剪切"按钮![img]和"粘贴"按钮![img]，或执行"编辑｜剪切"和"编辑｜粘贴"命令，或快捷键 Ctrl+X 和 Ctrl+V 实现。也可利用系统的拖放功能操作：将光标指针移入被选定的文本区，按下鼠标左键，出现带方框的块操作指针时，拖动鼠标到目的地松开按键即可。

（6）文本块的替换

先选定文本块，然后输入新的内容，这时输入的内容便将选定的内容替换掉。

6．剪贴板

剪贴板是 Windows 应用程序可以共享的一块内存区域，它不但可以保存文本信息，也可以保存图形和表格等各种信息，可以存放多达 24 次复制或剪切的内容。通过执行"编辑｜Office 剪贴板"命令，可打开任务窗格显示剪贴板的内容。

7．查找和替换

查找与替换在字处理软件中是经常使用的操作。使用查找或替换操作，不但可以查找一个词、句子、一段文本，还可以查找文本的格式、特殊字符等。输入要查找或替换的内容，系统可在规定的范围内查找或替换。例如，要求将文档中所有红色的字符改为带有下划线的空格。首先执行"编辑｜替换"命令，或用快捷键 Ctrl+H 打开"查找和替换"对话框，如图 2-5 所示。在"查找内容"栏单击，单击"特殊字符"按钮后选择"任意字符"选项，单击"格式"按钮后选择"字体"选项，在"字体"对话框中选择字体颜色为红色，这时"查找内容"文本框显示"^?"；单击"特殊字符"按钮选择"不间断空格"选项，单击"格式"按钮，选择"字体"选项，在对应的"字体"对话框中选下划线，在"替换为"文本框中以"^s"显示；最后单击"全部替换"即可。

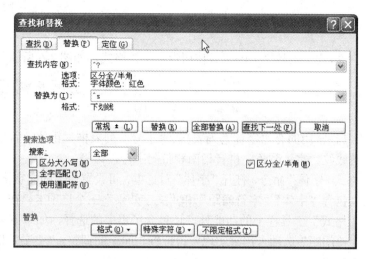

图 2-5　"查找和替换"对话框

2.3　文档的排版

文档的排版有三种基本操作对象，即字符、段落和页面，并有相应的排版命令。

2.3.1　字符格式的设置

1．字符格式

字符是指文字、标点符号、数字和各种符号。字符格式是指字符的字体、字号、字形、字符间距及为文字加各种动态效果等。

"字体"是指文字在屏幕上的样子。中文常用字体有宋体、楷体、黑体、隶书等，英文字体常用的有 Times New Roman、Arial 等。在文档中可以对字体的使用作出选择，但选择的种类取决于系统中安装的字体。在控制面板的"字体"程序中可查看和安装字体。

"字号"是指文字的大小。"字号"的基本计量单位是磅（1 磅大约为 1/72 英寸），用阿拉伯数字表示，数字越大字体越大。中文习惯以几号字表示，字号最大的是初号字，最小的是八号字。用户也可以直接在字号框内输入任意大小数字来调整字号。部分"字号"与"磅值"的对应关系如表 2-3 所示。

表 2-3　"字号"与"磅值"的对应关系

字号	初号	一号	二号	三号	四号	五号	六号	七号	八号
磅值	42	26	22	16	14	10.5	7.5	5.5	5

"字形"包括常规、倾斜、加粗、加粗倾斜等形式。

"字符间距"是指两个字符之间的间隔。

"特殊效果"是指根据需要进行多种设置，包括上标、下标、空心字、下划线、删除线、动态效果等。

2. 字符格式设置方法

1）可利用"格式"工具栏上的工具按钮设置字符格式，如图 2-6 所示。

图2-6　"格式"工具栏

"格式"工具栏常用的有"字体"列表框、"字号"列表框、粗体、斜体、下划线、字符边框、字符底纹、字体颜色、拼音指南和带圈字符按钮等。

2）执行"格式|字体"命令，打开"字体"对话框，可设置更多的文字格式，如图 2-7 所示。该对话框包含"字体""字符间距"和"文字效果"三个选项卡。在"字体"选项卡上，除包含"格式"工具栏上的功能外，还包含了更多的选择，如"下划线""上标""下标"等。"字符间距"选项卡用来实现字符位置与间距的调整。"文字效果"选项卡用来实现字符动态效果。

图2-7　"字体"对话框

格式设置有以下三种方式。

① 跟随前面的格式：当设置好插入点准备输入新字符时，"格式"工具栏上会显示出插入点之前的字符格式，新输入字符总是采用当前的格式设定值。

② 设置新的字符格式：如果新输入的文字在格式要求上与工具栏上显示的格式不同，可重新设定字符格式。格式设定后，插入点之后新输入的字符便采用新设置的格式。

③ 修改原有字符格式：对于已经存在的文档进行编辑工作，首先选取该段文本，然后利用"格式"工具栏或"格式"菜单命令设置新的格式。

3. 字符格式的复制

先选取格式化好的一段文本（或将光标定位于文档中），然后单击或双击"常用"工具栏上的"格式刷"按钮 ，这时鼠标指针变为一个刷子，再用鼠标选取一段文本后，选取的文本立即复制了刚刚选中的格式。

单击"格式刷"按钮表示只使用一次"格式刷";双击"格式刷"按钮则可以连续使用多次"格式刷",直到再次单击"格式刷"按钮使之复原为止。

4. 撤销所有字符格式

如果要对设定了格式的文本块一次性撤销或者重新设定格式,先选中该文本块后,按 Ctrl + Shift + Z 组合键,该文本块即可恢复到 Word 默认的格式。

2.3.2　段落格式的设置

一个段落后面跟有一个段落标记,一般为一个硬回车符(按 Enter 键)。每次按下 Enter 键时,就插入一个段落标记。段落标记表示一个段落的结束,同时也标志另一个段落的开始。段落的格式包括对齐方式、段缩进、分页状况、段落中各行的间距以及段落与段落的间距等。

段落格式的设置可通过"格式"工具栏或执行"格式 | 段落"命令来实现。当要对某一段落进行格式设置时,首先要选中该段落,或者将"插入点"放在该段落中,然后才能对该段落进行格式设置。

1. 对齐方式

Word 提供了五种段落对齐方式:居中、左对齐、右对齐、两端对齐和分散对齐。

文本居中对齐:在选定段落中使各行文本的左边和右边留出相同数量的空白。

文本左/右对齐:把选定段中的各行文本尽量左/右对齐,而不管行的左/右边是否参差不齐。

两端对齐:为防止英文文本出现一个单词跨两行的情况,在词与词间自动增加空格的宽度,使正文沿页的左右页边对齐。

分散对齐:以字符为单位,均匀地分布在一行上。

2. 段落缩进

"段落缩进"的含义是使选定段落的首行、左边或右边留出一些距离。

(1)Word 的缩进方式

首行缩进:控制段落中第一行第一个字的起始位。

悬挂缩进:控制段落中首行以外的其他行的起始位。

左缩进:控制段落左边界(包括首行和悬挂缩进)缩进的位置。

右缩进:控制段落右边界缩进的位置。

(2)Word 中三种实现段落缩进的方法

方法一:在标尺上拖动缩进标记。

在"页面视图"方式中,执行"视图 | 标尺"命令,使文档窗口的上方显示水平标尺。水平标尺如图 2-8 所示。

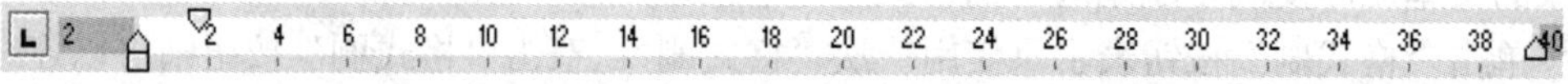

图2-8　水平标尺

通过水平标尺上的缩进标志对已有段落进行格式调整时，首先选定被操作的段落，然后用鼠标拖动标尺上的几个缩进标记，将它们移动到指定位置，段落的左右边界及首行起始位置便会进行相应的调整。

当移动"插入点"到不同的段落时，水平标尺上的缩进标记和制表位会有所变化，以反映出当前段落中的格式设置。

当按下 Enter 键另起一段时，新段落的格式将采用上一段的格式，如需要采用新的格式，只需对标尺上的缩进标记重新定位即可。

方法二：使用"格式"工具栏中的"减少缩进量"和"增加缩进量"按钮。

方法三：执行"格式 | 段落"命令，可精确地指定缩进数值。

注　意 🔊

　　在 Word 中输入文本时，不要通过 Tab 键或空格键来控制段落首行和其他行的缩进（空格也是字符），不要利用 Enter 键来控制一行右边的结束位置（Enter 表示一个段落的结束），也不要使用 Enter 键在段落前后添加空行，控制段落与段落之间的距离。

3．行距与段间距

"行距"用于控制每行之间的间距，在 Word 中有"最小值""固定值""单倍行距"等选项。默认是"单倍行距"选项，当文本高度超出该值时，Word 自动调整高度以容纳较大字体。"固定值"选项可指定一个行距值，当文本高度超出该值，则该行的文本不能完全显示出来。

段间距用于设置段落之间的间距，可以设置"段前"和"段后"的数值。

4．边框和底纹

执行"格式 | 边框和底纹"命令，在打开的对话框中的"边框"选项卡下的"应用于"处选择"段落"选项，可对选定的段落设置边框；如果选择"文字"选项，则为选定的文字加上边框。另外还可以为图片、表格加各种边框。

通过"页面边框"选项卡对页面设置边框，应用范围可以是整篇文档或本节文档等。

通过"底纹"选项卡对选定的段落加底纹，有"填充"为底纹的背景色、"样式"底纹的图案（填充点的密度等）等。

5．项目符号和编号

执行"格式 | 项目符号和编号"命令，打开该"项目符号和编号"对话框，如图 2-9 所示。

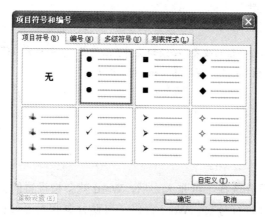

图 2-9　"项目符号和编号"对话框

其中,"项目符号"可以是字符,也可以是图片。选择"项目符号"选项卡,单击"自定义"按钮可改变符号的样式。"编号"为连续的数字或字母,根据层次的不同,有相应的编号,选择"编号"选项卡,单击"自定义"按钮可改变编号的形式、编号的起始值、字体等。"多级符号"可以清晰地表明各层次之间的关系。

Word 允许在键入的同时自动创建项目符号和编号列表,或者在文本的原有行中添加项目符号。

（1）键入的同时自动创建项目符号和编号列表

键入"1.",键入所需的任意文本,按 Enter 键添加下一个列表项,Word 会自动插入下一个编号或项目符号。若要结束列表,按 Enter 键两次,或通过按 Backspace 键删除列表中的最后一个编号或项目符号,来结束该列表。

如果项目符号或编号不能自动显示,执行"工具 | 自动更正选项"命令,选择"键入时自动套用格式"选项卡,选中"自动项目符号列表"或"自动编号列表" 复选框。

（2）为原有文本添加项目符号或编号

在文本中选定要添加项目符号或编号的项目,然后单击"格式"工具栏上的"项目符号"或"编号"即可。

若要修改"项目符号和编号",可执行"格式 | 项目符号和编号"命令,然后选择其他项目符号样式或编号格式。

6.　分栏

分栏是指将页面在纵向划分为两个或多个编辑区域。分栏操作可用于整页文档,也可用于一个段落。分栏操作过程如下所述。

1）选定要设置分栏的段落,执行"格式 | 分栏"命令。

2）在"预设"列表框中选择分栏类型,设定"宽度和间距",再选择是否要"分隔线",最后单击"确定"按钮。

若要取消分栏,只要选定已分栏的段落,在"分栏"对话框中选择"一栏"选项即可。

> **注　意**
>
> 　　在普通视图下看不到分栏的效果，必须切换到页面视图。当分栏的段落是文档的最后一段时，为使分栏有效，必须在最后添加一空段落（按 Enter 键）。

2.3.3　页面布局

1．分页

当进行了页面设置并选择了纸张大小后，Word 就会按设置的页面大小、字符数和行数对文档进行排列，并进行分页。Word 提供了自动分页和人工分页的功能。

自动分页：Word 可以自动计算出文档的分页位置。在输入文本满一页后就会自动转到下一页。但要注意，在普通视图和大纲视图方式下，若文档经过修改后 Word 不会自动地重新分页，要实现此功能需要执行"工具 | 选项"命令，在"常规"选项卡中选中"后台重新分页"选项。

人工分页：在需要分页的位置人为地强行分页。操作步骤如下所述。

1）确定分页的位置。执行"插入 | 分隔符"命令，打开"分隔符"对话框，如图 2-10 所示。

2）在此对话框中选中"分页符"单选按钮，单击"确定"按钮即可。

插入分页符之后，在页面视图中可以立即看到分页的效果。在普通视图中可以看到标有"分页符"的一条虚线。也可以按 Ctrl+Enter 组合键快速在文档中插入一个分页符。要想删除某个"分页符"，可以单击"分页符"标记，按 Delete 键即可。

2．页码

在页面中插入页码的操作如下所述。

1）执行"插入 | 页码"命令，打开"页码"对话框，如图 2-11 所示。

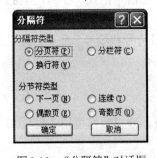

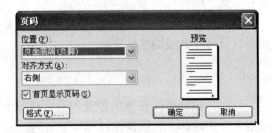

图 2-10　"分隔符"对话框　　　　　　　　　　图 2-11　"页码"对话框

2）在"位置"和"对齐方式"列表框中分别设置页码的位置和对齐方式。

3）如果要在第一页显示页码，选中"首页显示页码"复选框。

4）如果对页码格式有特殊要求，单击"格式"按钮，打开"页码格式"对话框，如图 2-12 所示，选择相应的格式。

5）如果起始页码不是从 1 开始，可以在"起始页码"框中输入页码值。设置完后，单击"确定"按钮，关闭"页码格式"对话框。

如果要删除页码，可在页眉/页脚编辑状态下选择页码，然后按 Delete 键。

3．页眉和页脚

页眉和页脚是分别打印在一页顶部和底部的注释性文字或图形，如页码、日期、作者姓名等。它不是随文本输入的，而是通过命令设置的。在文档中可自始至终用同一个页眉或页脚，也可在奇数页和偶数页上使用不同的页眉和页脚，还可以在首页上使用不同的页眉和页脚或不使用页眉和页脚。页眉和页脚只能在页面视图和打印预览方式下看见。页眉和页脚的建立方法是一样的，执行"视图 | 页眉和页脚"命令即可。

（1）建立每页都相同的页眉/页脚

执行"视图 | 页眉和页脚"命令，打开页眉（或页脚）编辑区，文档中原来的内容呈灰色显示，同时显示"页眉和页脚"工具栏，工具栏的默认按钮如图 2-13 所示，单击右上角下拉箭头，可以选择添加或删除按钮。如果在普通视图或大纲视图下执行此命令，那么 Word 会自动转换到页面视图。

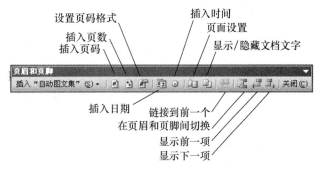

图 2-12　"页码格式"对话框　　　　　　图 2-13　"页眉/页脚"工具栏

在"页眉"编辑窗口中键入文字或图形，单击"在页眉和页脚间切换"按钮切换到"页脚"编辑区并键入文字或图形，也可单击"插入'自动图文集'"按钮，从列表中选择作为页脚内容。结束后单击"关闭"按钮，完成设置返回文档编辑区。

若需重新编辑或修改页眉和页脚中的文本，可在页眉或页脚区双击，重新进入"页眉和页脚"编辑状态进行修改。

（2）建立奇偶页不同的页眉

在通常情况下，文档的页眉和页脚的内容是相同的。有时需要建立奇偶页不同的页眉。例如，有的书籍就是这种情况。Word 允许建立奇偶页不同内容的页眉（或页脚）。

执行"视图 | 页眉和页脚"命令，在"页眉和页脚"工具栏上单击"页面设置"按钮，打开"页面设置"对话框。在"版式"选项卡中选中"奇偶页不同"复选框（如果选中"首页不同"，则创建的是首页与众不同的页眉），然后单击"确定"按钮。返回到页眉编辑区，此时，页眉编辑区左上角出现"奇数页页眉"字样以提醒用户。在"奇数页页眉"编辑区中键入奇数页页眉内容。单击工具栏中"显示下一项"按钮，切换到"偶数页页眉"编辑区，同样键入偶数页页眉的内容。单击"关闭"按钮，设置完毕。

（3）页眉/页脚的删除

执行"视图 | 页眉和页脚"命令，进入页眉页脚编辑状态，按 Delete 键即可删除。

页码是页眉页脚的一部分，要删除页码必须进入页眉和页脚编辑区，选定页码并按 Delete 键删除。

很多使用过 Word 的用户会遇到这样一个问题：在对文档的某些页面设置页眉（或页脚，下同）后，有时候又想把页眉删掉，却发现怎么删都删不掉页眉下的那条横线了。想要删除这根线的话，首先切换到页眉编辑区域（双击页眉即可），然后选择整个页眉区域（注意要把那个段落符号包含在内），再执行"格式 | 边框和底纹"命令，在弹出的对话框中，切换到"边框"选项卡，首先从"应用于"下拉菜单里选择"段落"选项，然后单击左边的"无"选项，再单击"确定"按钮即可。

2.3.4　文档的显示和打印

1．打印预览

Word 的打印预览功能使用户在正式打印前可以预览打印效果，并且还能在预览时对此文档内容进行调整。

单击"常用"工具栏上的"打印预览"按钮[图]或执行"文件 | 打印预览"命令，出现"打印预览"窗口，窗口中有一个"打印预览"工具栏，如图 2-14 所示。

图 2-14　"打印预览"工具栏

2．打印文档

如果打印机已经设置好，就可以开始打印文档了。Word 可以以多种方式打印文档，如打印文档的一部分、同时打印多份文档或打印指定的页等。其操作如下。

1）执行"文件 | 打印"命令，或单击"常用"工具栏上的"打印"按钮[图]。

2）设置"打印"对话框。

在"份数"栏中选择或输入所需打印的份数（默认值为1）。

"逐份打印"复选框：在打印多份时，选中此项，则打印多份文档时是在打印完了一份文档后才开始打印下一份；清除此项，则打印完所有文档的第一页后再开始打印其他后续页。

页面范围选项：如果选择"当前页"，则打印的是光标所在页的内容；如果要打印指定的页码，可以选中"页码范围"复选框。页码的规则如下：不连续页之间用英文状态的","来分隔；连续页之间用英文状态的"-"符号分隔。例如，输入 1,3,7-10，则表示要打印第 1、3、7、8、9、10 页的内容。

3）单击"确定"按钮，即可打印文档内容。

有时在未完成打印时想取消打印操作，可以双击任务栏右边的打印图标，就会打开一个关于当前打印机的对话框，在该对话框中选择"暂停打印"和"取消打印"选项即可。

2.4　Word 的高级应用

2.4.1　样式

样式是指一组已命名的字符和段落格式的组合。样式有两种：字符样式和段落样式。字符样式保存了对字符的格式化，如文本的字体和大小、粗体和斜体以及其他效果等格式；段落样式保存了字符和段落的格式，如字体和大小、对齐方式、行间距和段间距以及边框等格式。

使用样式有两个好处：当文档中有多个段落使用了某个样式，当修改了该样式后，即可改变文档中带有此样式的文本格式；另一好处是对长文档有利于构造大纲和目录等。

1. 使用已有样式

将插入点定位在要使用样式的段落中，然后在"格式"工具栏的"样式"下拉列表框（如图 2-15 所示）中选择已有的样式；若需要更丰富的样式和格式，可执行"格式 | 样式和格式"命令，打开"样式和格式"任务窗口（如图 2-16 所示），在"请选择要应用的样式"列表框选择需要的样式。

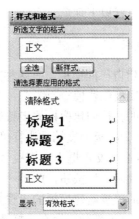

图 2-15　"样式"下拉列表框　　　图 2-16　"样式和格式"任务窗口

2. 新建样式

用户可根据需要快速创建自己特定的样式。在"样式和格式"任务窗格中，单击"新样式"按钮，在"新建样式"对话框中输入样式名，选择"样式类型""样式基于""后续段落样式"等选项。用户可以像使用系统提供的样式一样使用新样式。

3. 修改和删除样式

若要改变文本的外观，只要修改应用于该文本的样式格式，即可使应用该样式的全部文本都随着样式的更新而更新。修改样式只要在"样式和格式"任务窗口中选择所要修改的样式，在"所选文字的格式"下拉列表框中选择"修改样式"选项，在"修改样式"对话框中修改格式即可。

要删除已有的样式，选择"清除格式"选项即可。这时，带有此样式的段落自动应用"正文"样式。

2.4.2　模板

模板决定文档的基本结构和文档设置，如文本格式、页面设置、特殊格式和样式等。当编排具有相同属性设置的某一类文档时，使用以该模板为基础创建新文档可以提高效率。

在 Word 中任何文档都是以模板为基础的，默认情况下选择创建的"空白文档"使用的是 Normal.dot 模板，它规定了正文为五号、宋体，文档内容为空白等。

Word 提供的模板包括常用、报告、备忘录、出版物、信函与传真、英文模板、邮件合并模板、其他文档模板等，它们以.dot 为扩展名存放在 Office 安装路径的 Templates 文件夹下。

Word 还提供了多种向导模板。它是一种特殊的模板，它不是固定的、单一的格式，而是根据用户的选择来帮助用户快速而简便地创建各类文档。它们的扩展名是.wiz。

用户可以执行"文件 | 新建"命令，打开的"新建文档"任务窗口，从中选择本机上的模板、网站上的模板或 Office Online 模板来创建新文档。

模板的操作包括以下几项。

1.　创建新模板

用户可以创建自己的模板，有两种方法：一种是利用已有的文档创建模板；另一种是利用已存在的模板创建模板。

利用已存在的文档创建模板的步骤如下所述。

1）打开要作为模板的文档。执行"文件 | 另存为"命令，打开"另存为"对话框。

2）在"文件名"文本框中为模板命名，然后在"保存类型"列表框中选择"文档模板"选项，单击"确定"按钮，此时一个新的模板就生成了。

利用已存在的模板新建模板的步骤如下所述。

1）执行"文件 | 新建"命令，打开"新建文档"任务窗口。单击选择本机上的模板弹出"模板"对话框，在对话框中选中"模板"选项和所需的模板类型。

2）单击"确定"按钮打开模板文档窗口。

3）在模板文档窗口中对模板进行编辑，其编辑过程与普通文档完全相同，包括输入、修改或删除文本、插入图片、设置段落格式等。

4）执行"文件 | 另存为"命令，输入新模板名后单击"保存"按钮保存模板。

2.　修改模板

用户可以对已有的模板进行修改。操作步骤如下所述。

1）执行"文件 | 打开"命令，出现"打开"对话框。

2）从"文件类型"列表框中选择"文档模板"选项，在"查找范围"列表框中指定模板文件所在的文件夹（一般在 Office 安装路径的 Templates 文件夹下），再从文件名列表框中选择要修改的模板。单击"打开"按钮，打开要修改的模板。

3）在模板文档窗口中对模板进行修改。

4）单击"保存"命令，该模板修改完毕。若选择"另存为"命令，则是新建模板。

2.4.3　数学公式

Word 提供了两种数学公式的编辑方法：一是域的等式和公式输入方法，它能提供编辑简单的数学公式；二是数学公式编辑器方法。

1. 等式和公式

Word 通过"域代码"的方法，提供了多种"域"的操作对象。其中"等式和公式"专用于简单数学公式的输入，具体操作步骤如下：

1）将插入点放在要插入公式的位置。

2）执行"插入 | 域"命令，打开"域"对话框，如图 2-17 所示。

3）在"类别"下拉列表框中选择"等式和公式"选项，在"域名"列表框中选择"Eq"，再单击"选项"按钮（如果没有"选项"按钮，可单击"域代码"按钮使其出现），打开如图 2-18 所示的"域选项"对话框。

图 2-17　"域"对话框

图 2-18　"域选项"对话框

4）在"域选项"对话框中，根据需要输入数学公式，在"开关"下拉列表框中选择域代码。例如，\F 是创建一个分数；\R 是创建一个根式。每次选择一个开关后，单击"添加到域"按钮，将其调入"域代码"栏。

该栏中的"EQ"不能删除。

5）按照所需数学公式组合好代码后，单击"确定"按钮，返回"域"对话框，再单击"确定"按钮返回文档，则相应的等式和公式自动生成。

例如，在"域代码"框内"EQ"右侧以英文数字输入：

$$150+\backslash F(2,50)\backslash R(10+\backslash F(15,100))$$

则输出后在文档窗口中生成的等式如下：

$$150 + \frac{2}{50} \sqrt{10 + \frac{15}{100}}$$

2. 公式编辑器

公式编辑器配有丰富的公式样板和符号，利用它可以输入一些结构很复杂的公式，从而方便了用户的操作。公式编辑器的操作方法如下所述。

1）将插入点放在要插入公式的位置。

2）执行"插入｜域"命令，打开"域"对话框，在"类别"下拉列表框中选择"等式和公式"选项；在"域名"栏选择"Eq"选项，再单击"公式编辑器"按钮，此时打开公式编辑窗口，同时弹出"公式"工具栏，如图2-19所示。

也可执行"插入｜对象"命令，打开"对象"对话框。在"对象"对话框的"新建"选项卡中选择"Microsoft 公式 3.0"选项，单击"确定"按钮，启动公式编辑器。此时打开公式编辑窗口，同时显示"公式"工具栏，如图2-19所示。

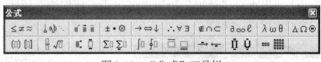

图2-19　"公式"工具栏

3）在给出的方框中编辑数学公式。其中，在"公式"工具栏中，上一行是符号，可以插入各种数学字符；下一行是样板，样板有一个或多个空插槽，在其中可以插入一些积分、微分、矩阵公式等符号。

4）数学公式建立完毕，在 Word 窗口单击，即可回到文本编辑状态。如果对公式进行编辑，可以双击该公式重新对公式修改。

2.4.4　自动更正

自动更正可以实现对单词、符号等进行指定的更正。例如，将经常错误键入或拼写错误的单词或短语进行自动更正，如将"the"错误输成"teh"时，Word 会自动将其更正。还可以通过短语的缩写形式快速输入长短语，以简化输入，如通过"dlmy"输入"大连民族学院"。为此要为错误的单词或缩写建立一个自动更正词条。操作步骤如下所述。

1）执行"工具｜自动更正选项"命令，出现如图2-20所示的"自动更正"对话框。

2）在"替换"文本框中输入错误单词或短语的缩写形式。

3）在"替换为"文本框中输入正确单词或短语的全称。

4）单击"添加"按钮，便将该内容的自动更正词条加入自动更正词条表中。

5）选中"键入时自动替换"复选项，单击"确定"按钮，便完成为该内容建立自动更正词条的操作。

为错误单词或短语的缩写形式建立了自动更正词条后，当输入该错误单词或短语的缩写形式时，按空格键或标点符号，Word 便自动将错误单词或短语的缩写形式替换成正确单词或短语的全称。

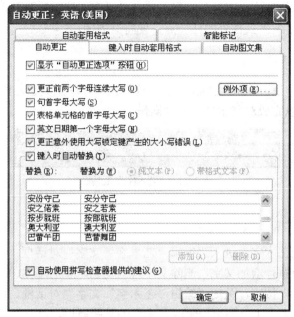

图 2-20　"自动更正"对话框

2.4.5　艺术字编排

1. 插入艺术字

1）单击"绘图"工具栏上的"插入艺术字"按钮，可打开"艺术字库"对话框，如图 2-21 所示，或者执行"插入 | 图片 | 艺术字"命令，也可打开"艺术字库"对话框。

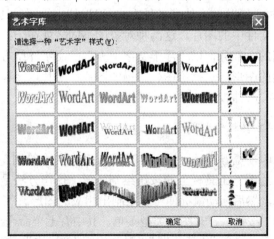

图 2-21　"艺术字库"对话框

2）在"艺术字库"对话框中首先选择一种艺术字样式，然后单击"确定"按钮，便打开"编辑'艺术字'文字"对话框，在"文字"文本框中输入要建立具有艺术效果的文字。

3）选择艺术字的字体、字号和字形，单击"确定"按钮，即可在插入点位置插入艺术字。单击"艺术字"工具栏外的任一点，便将其关闭。

2. "艺术字"工具栏

当插入了艺术字后，Word 会同时打开一个"艺术字"工具栏，如图 2-22 所示。利用工具栏中的按钮可以完成对艺术字的各种操作。

图 2-22 　"艺术字"工具栏

3. 修改艺术字

1）双击选定的艺术字，进入"编辑'艺术字'文字"对话框。
2）在文字框内执行增加文字，删除文字，改变艺术字的字体、字形和字号等操作。
3）单击"确定"按钮，关闭"编辑'艺术字'文字"对话框。
4）利用"艺术字"工具栏可以修改艺术字的某些属性，单击"艺术字"工具栏外的任一点，将其关闭，回到 Word 文档中。

4. 移动、复制和删除艺术字

在 Word 文档中，移动、复制和删除艺术字的操作方法类似于对文本的操作方法，如选中后按 Delete 键即可删除艺术字。

2.4.6　插入图片与图文混排

向 Word 文档中插入图片的方法有多种方式，可以使用绘图工具在文档中创建图形对象，也可以插入图形文件中的图片。这两种对象的不同之处在于：图形是在当前文档中创建的，它属于文档的一部分，以"浮于文字上方"的文字环绕方式插入文档；而图片则是由其他文件创建的图形，包括位图、扫描的图片和照片以及剪贴画，这些图片是以"嵌入型"的文字环绕方式插入文档的。

1. 使用"绘图"工具栏绘制图形

在页面视图或打印预览方式时，执行"视图 | 工具栏 | 绘图"命令，打开"绘图"工具栏。可以使用"绘图"工具栏上的按钮绘制图形。操作方法是：首先单击"绘图"工具栏上的一个按钮，然后拖动鼠标便可以绘制出相应的图形。

单击"自选图形"按钮，打开图形类型菜单，其中有七个命令，分别为"线条""连接符""基本形状""箭头总汇""流程图""星与旗帜""标注"。这七个命令各包含一组图形。在绘制自选图形时，只需在菜单中单击需要绘制图形的工具按钮，然后按下鼠标左键拖动即可。

单击"直线"按钮，可以画直线，如果要画水平线、30°线、45°线、60°线、垂直线等特殊类型的直线时，可在按住 Shift 键的同时拖动鼠标。

单击"矩形"按钮，可以画矩形。若要画正方形，则在按住 Shift 键的同时拖动鼠标。

2．媒体剪辑

Microsoft 剪辑管理器中包含图形、照片、声音、视频和其他媒体文件——统称为剪辑，可将它们插入 Word 文档、演示文稿和其他 Office 文件中。

在 Office 程序中，可通过以下方式查找、添加和组织媒体剪辑。

（1）剪贴画

单击"绘图"工具栏上"插入剪贴画"按钮，也可以执行"插入｜图片｜剪贴画"命令，打开"剪贴画"任务窗口，如图 2-23 所示。用户可根据描述关键词、文件名、文件格式和剪辑收藏集来搜索媒体文件。它查找的是媒体剪辑，而非文档。单击搜索结果窗口所需的媒体剪辑，相应的媒体剪辑出现在插入点。

（2）剪辑管理器

"管理剪辑"按钮位于"剪贴画"任务窗口的底部，它是指向"剪辑管理器"的链接，单击它可打开"剪辑管理器"主窗口。可使用"剪辑管理器"来浏览剪辑收藏集、添加剪辑或对它们进行分类。例如，可创建一个收藏集将最常用的剪辑组合在一起，或让"剪辑管理器"自动在硬盘上添加和分类媒体文件。

（3）网上剪辑

如果打开了 Internet 连接，剪贴画搜索结果将自动包括来自 Microsoft Office Online 网站的内容。或者，也可通过单击"剪贴画"任务窗口底部的链接，自己访问站点。

图 2-23　"剪贴画"任务窗口

3．图文混排

Word 提供了文本对图片的七种环绕方式，即嵌入型、四周型、紧密型、浮于文字上方、浮于文字下方、穿越型和上下型。"嵌入型"是系统默认的图片插入方式。

设置图片的文字环绕方式的方法如下所述。

方法一：用鼠标右键单击图片，在弹出的快捷菜单中选择"设置图片格式"命令，打开"设置图片格式"对话框，选择"版式"选项卡，选择"环绕方式"选项，最后单击"确定"按钮。

方法二：用鼠标右键单击图片，在弹出的快捷菜单中选择"显示'图片'工具栏"选项。单击"图片"工具栏中的"文字环绕"按钮，在打开的下拉式菜单中选择一种文字环绕方式。

除了可以通过设置图片的文字环绕方式来改变文字与图片的关系之外，也可以使用 Word 的即点即输功能，在图形旁边快速插入文字。

2.4.7 文本框与文字方向

在文字排版过程中，有时需要将文档中的某一段内容放到文本框中，有时需要为图片或图表等对象添加注释文字。操作步骤如下所述。

1）选定需要放到文本框中的文字。

2）单击"绘图"工具栏中的"文本框"按钮，再利用绘图工具栏中的虚线线形、线形、线条颜色、填充颜色等工具按钮，对文本框的填充或边线进行设置，如图 2-24 所示。

如果要将文档中的某一段文字放到竖排文本框中，可选定文字后单击"绘图"工具栏中的竖排文本框按钮；也可以在已完成的文本框的基础上进行修改，选定该文本框后执行"格式｜文字方向"命令，出现如图 2-25 所示的"文字方向"对话框，选择其中的方向即可。

图 2-24 横排文本框

图 2-25 "文字方向"对话框

2.5 表 格 处 理

表格是文字处理的重要组成部分。表格可以简洁、直观地将一组相关数据组织在一起。Word 提供了较强的表格处理功能，包括表格的建立、编辑、格式化、排序、计算和将表格转换成各类统计图表等功能。

2.5.1 创建表格

在 Word 中创建表格的方法有以下三种。

1. 使用工具栏按钮创建表格

可以单击"常用"工具栏的"插入表格"按钮，在表格图框上从左上角单元格向右下方拖动鼠标，以选定表格的行数与列数。图框中的蓝色背景表示选中的行数与列数，行数值与列数值在图框底端显示出来（如 5×3 表格）。释放鼠标后，便在插入点位置生成所指定的表格框架。

2. 使用菜单命令创建表格

操作步骤如下所述。

1）将插入点移到要建立表格的位置。

2）执行"表格 | 插入 | 表格"命令，出现"插入表格"对话框，如图 2-26 所示。

3）在"列数""行数"文本框中分别输入列数为 5、行数为 2。

4）在"固定列宽"文本框中可选择"自动"选项，也可输入列宽数据。如果选择"自动"选项，Word 将根据纸张的左右页边距建立相等列宽的表格。

如果单击"自动套用格式"按钮，出现"表格自动套用格式"对话框，如图 2-27 所示。对话框中列出 Word 提供的多种表格格式，从"表格样式"列表框中选择一种表格格式，在"预览"框中可看到选择的表格效果。

图 2-26　"插入表格"对话框

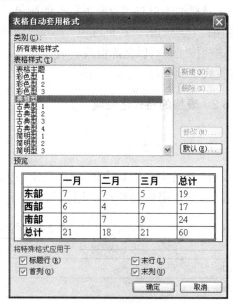

图 2-27　"表格自动套用格式"对话框

5）单击"确定"按钮，生成所指定的表格框架。

如果已建立了一个表格，要使它套用特定的格式，则首先将插入点置于表格的任一单元格中，执行"表格 | 表格自动套用格式"命令，在"表格自动套用格式"对话框中选择一种表格格式即可。

3. 手工绘制表格

除了自动生成的表格外，Word 还提供绘制表格的功能。利用绘制表格功能不但可以做出一般简单的表格，还能绘出复杂的表格。

操作步骤如下所述。

1）执行"表格 | 绘制表格"命令，同时打开"表格和边框"工具栏，如图 2-28 所示。

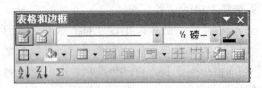

图 2-28　"表格和边框"工具栏

2）鼠标变为一支笔的形状，此时，可以进行表格的绘制。

工具栏已经在窗口中出现，单击画笔就可以绘制表格。可以从屏幕提示中知道，这个工具栏中不但有"绘制表格"的画笔，还有"擦除"按钮、"线型"、"粗细"、"边框颜色"、"外侧框线"、"底纹颜色"等各种按钮。利用这些按钮，可以擦除框线、选择线形、设定线的粗细、设定边框颜色、选定框线位置、设置底纹颜色等。

2.5.2　表格的格式化处理

1．插入点移动

在表格中编辑数据时，必须使插入点在表格中移动。可以用鼠标单击单元格移动，也可以用键盘移动。用键盘移动的组合键如表 2-4 所示。

表 2-4　键盘移动插入点的快捷键

快　捷　键	功　　能
Tab	移至下一单元格
Shift+Tab	移至上一单元格
↑或↓	上移或下移一行
在表格最后一行结尾处按 Tab 键	在表格底部新增一行
在行尾，表的外侧段落标记处按 Enter 键	在当前行下新增一行

2．选定操作

（1）选定整个表格

将光标移到表格的左上角，单击"全选"标志，也可将插入点置于表格中的任一单元格中，执行"表格 | 选择 | 表格"命令，便选定整个表格。

（2）选定单元格

将光标指针移到要选择的单元格左下角，当光标指针变为向右倾斜的箭头时，单击鼠标即可选中该单元格。在单元格中的文本上任意位置三击鼠标，便可选中该单元格内容。也可将插入点置于要选择的单元格中，执行"表格 | 选择 | 单元格"命令，该单元格即被选中。

（3）选定行

将光标指针移至表格外某行左侧位置（选定栏），此时光标指针变为向右倾斜的箭头，单击鼠标，该行即被选中，拖动鼠标便可选定多行。也可将插入点置于某行任一单元格，执行"表格｜选择｜行"命令，该行即被选中。

（4）选定列

将光标指针移到表格外某列的上端，此时光标指针变为竖直向下的箭头，单击鼠标，该列即被选中。也可将插入点置于某列的任一单元格中，执行"表格｜选择｜列"命令，该列即被选中。

（5）选定多个单元格

按住鼠标左键，拖过所要选定的行或列，所经过的单元格即被选中。也可在表格中按 Shift 键的同时按方向键选定单元格。

3．插入行和列

要在表格后增加一行，可将插入点置于表格右下角的最后一个单元格中，按 Tab 键，在表格下方增加一个空白表格行。

要插入行，首先必须选中插入行的位置，然后执行下列三种方法之一。

1）选中行后，在选中的行中单击鼠标右键，选择快捷菜单中的"插入行"命令。

2）选中行后，执行"表格｜插入｜行"命令。

3）选中行后，单击"常用"工具栏上的"插入行"按钮 。

要插入列，方法与插入行的方法类似，不同之处在于插入列之前选择的不是行，而是列。

当在表格中选中行、列或单元格后，"常用"工具栏上的"插入表格"按钮 会分别变成"插入行"按钮 、"插入列"按钮 或"插入单元格"按钮 ，具体取决于选中的对象。

4．删除行和列

删除行和列有多种方式。

1）选定要删除的行或列，然后单击"常用"工具栏中的"剪切"按钮。

2）选定要删除的行或列，执行"表格｜删除｜行"或"列"命令，即可完成对选定的行或列（包括其中的内容）的删除。

3）如果只删除行或列中的内容，而不删除表格行或列，则首先选定要删除的行或列，然后按 Delete 键，即可将选定行或列中的内容全部删除。

5．插入和删除单元格

首先要选定单元格，然后单击"常用"工具栏上的"插入单元格"按钮 ；或者执行"表格｜删除单元格"命令，出现"插入单元格"或"删除单元格"对话框，如图 2-29 和图 2-30 所示。选择单元格的插入或删除方式，单击"确定"按钮，即可插入或删除指定的单元格。

6．修改列宽和行高

1）用鼠标拖动列框线改变列宽。将光标指针停留在要更改宽度的列边界上，光标指针变为双向箭头，左右拖动表格的列框线，便可修改该列框线两侧的列宽。

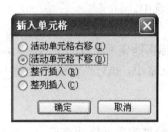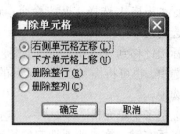

　　图 2-29　"插入单元格"对话框　　　　　图 2-30　"删除单元格"对话框

　　2）拖动水平标尺上列框线标记也可以改变列宽。

　　3）如果按下 Alt 键，用鼠标拖动列框线时，可看到调整过程中列宽尺寸的变化。

　　4）若要将列宽改为一个特定的值，可选中要编辑的对象，然后执行"表格｜表格属性"命令，在打开的"表格属性"对话框中选择"列"选项卡。在"尺寸"栏中选中"指定宽度"复选框，并在其后的文本框中输入或选择宽度值。

　　使用同样的方法可以对行高进行调整。

　　如果要使表格中的列根据内容自动调整宽度，可以执行"表格｜自动调整｜根据内容调整表格"命令。

　　如果想统一多行或多列的尺寸，可先选定要统一的行或列，然后执行"表格｜自动调整｜平均分布各行"或"平均分布各列"命令。

7. 拆分表格

　　将一个表格拆分为上下两个表格的操作方法如下所述。

　　将插入点移入要将表格拆分的行上任一位置，执行"表格｜拆分表格"命令，便将原表格拆分为由插入点以上各行和包含插入点在内的以下各行所组成的两个表格。如果将上下两个表格之间的段落标记删除，便将两个表格合为一个表格。

8. 合并和拆分单元格

　　将多个单元格合并为一个单元格，首先选定要合并的单元格，然后执行"表格｜合并单元格"命令即可。

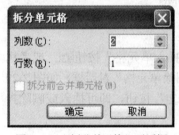

　　如果要拆分某个单元格时，先选定要拆分的单元格，如果要拆分多个单元格，则选定这些单元格。然后执行"表格｜拆分单元格"命令，打开"拆分单元格"对话框，如图 2-31 所示。

　　在"列数"和"行数"数值框中分别输入或选择要拆分的列数和行数值。如果要拆分的是多个单元格，则当选中"拆分前合并单元格"复选框时，Word 将先合并所选单元格，然后将"行数"和"列数"数值框中的值应用于整个所选内容；否则，在"行数"和"列数"数值框中的

　　图 2-31　"拆分单元格"对话框

值分别应用于每个所选单元格。

9.　删除表格

要删除表格，首先选定整个表格，然后执行"表格 | 删除 | 表格"命令，即可将表格删除。如果按 Delete 键，则只是将选定表格中各单元格中的内容删除，继续保留表格的框架。

10.　对齐

在默认情况下，Word 根据单元格的左上方对齐表格中的文字，可以更改单元格中文字的对齐方式。单元格中文字的对齐方式有水平对齐和垂直对齐两种。水平对齐有左对齐、居中对齐和右对齐，垂直对齐有顶端对齐、居中对齐和底端对齐。

要更改单元格中文字的对齐方式，首先要选定单元格，然后单击鼠标右键，在弹出的快捷菜单中选择"单元格对齐方式"命令，再在子菜单中单击合适的选项即可。

11.　表格的边框和底纹

首先将光标置于表格中，然后执行"格式 | 边框和底纹"命令，在"边框和底纹"对话框中选取"边框"选项卡，分别设置边框的类型、线形、颜色、宽度及应用范围，用同样的操作设置一种底纹颜色及式样。

第 3 章　电子表格软件 Excel

3.1　Excel 的功能简介

电子表格软件 Excel 是微软公司 Office 办公集成软件的一个组成部分。它能制作出各种电子表格，使用公式和函数对数据进行分析和运算并可以用各种图表来表示数据。其主要功能如下所述。

1. 制作电子表格

当启动 Excel 软件之后，屏幕显示由横竖线组成的空白电子表格，可在其中直接填入数据形成各种表格。其中的单元格是 Excel 中数据处理的基本组成单位。用户可以在单元格中进行各类数据（数字型、文本型、日期型、时间型、逻辑型等）和公式（四则运算、函数等）的输入和修改，还可以方便地对表格的行、列或单元格进行插入和删除；对单元格的格式（字符的字体、字形、字号、颜色、数值的格式、边框和底纹等）也可进行设置。

2. 数据处理和管理

Excel 软件会自动区分各类数据类型。通过工具按钮或菜单选项，可实现数据的排序、筛选和分类汇总等操作。利用系统提供的函数还可以完成各种数据分析，如统计函数、规划求解、数据透视、方差分析、回归和统计中的各种检验等。

3. 图表功能

Excel 软件提供了 14 类 100 多种图表，包括柱形图、饼图、条形图、面积图、折线图、气泡图以及三维图等。用户可将电子表格中的数据以图形的形式表示，并可编辑图表中的各种对象。

4. 插入各种对象

Excel 软件可插入各种对象，如各种图片、声音等。

Excel 2003 在以上功能的基础上，增加了许多新功能。

1）并排比较工作簿：用户可方便地查看两个工作簿之间的差异，而不必将所有更改合并到一张工作簿中。

2）改进的统计函数：例如，统计函数的许多特性（包括取整和精度）进行了改进。

3）XML 支持、智能文档、文档工作区和信息权限管理等。

3.2　电子表格的基本概念

Excel 软件的启动和退出的方法与启动和退出其他软件的方法相同。Excel 的窗口构成如图 3-1 所示。与 Word 窗口的构成基本相同，都有标题栏、菜单栏、"常用"工具栏、"格式"工具栏、状态栏。其不同的地方如下所述。

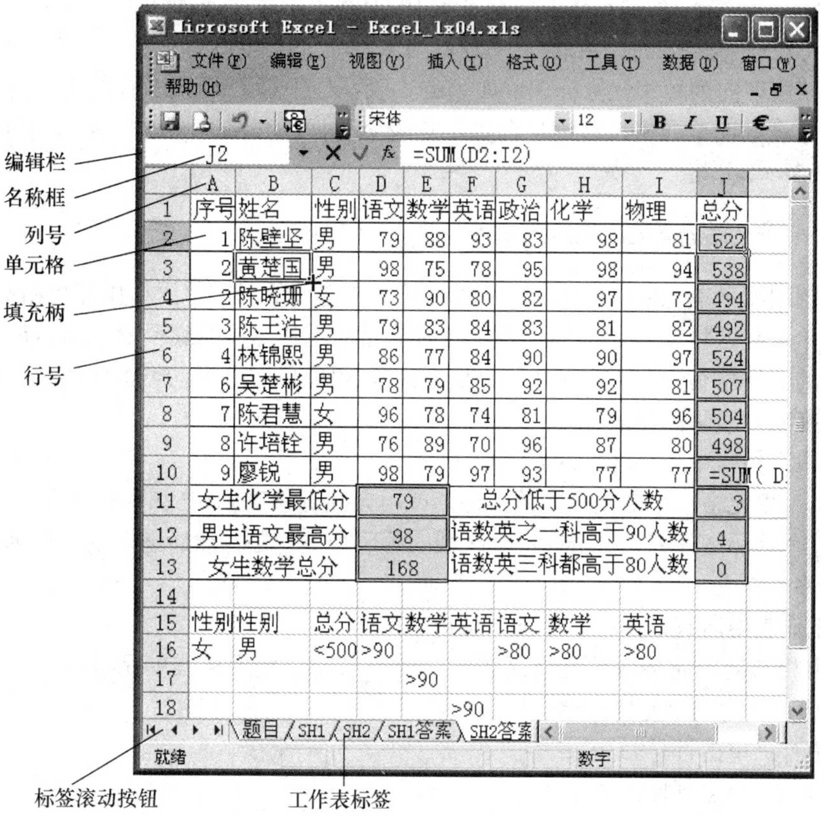

图中左侧标注：编辑栏、名称框、列号、单元格、填充柄、行号

窗口标题栏：Microsoft Excel - Excel_1x04.xls

菜单栏：文件(F)　编辑(E)　视图(V)　插入(I)　格式(O)　工具(T)　数据(D)　窗口(W)　帮助(H)

名称框：J2　　=SUM(D2:I2)

	A	B	C	D	E	F	G	H	I	J
1	序号	姓名	性别	语文	数学	英语	政治	化学	物理	总分
2	1	陈壁坚	男	79	88	93	83	98	81	522
3	2	黄楚国	男	98	75	78	95	98	94	538
4	2	陈晓珊	女	73	90	80	82	97	72	494
5	3	陈王浩	男	79	83	84	83	81	82	492
6	4	林锦熙	男	86	77	84	90	90	97	524
7	6	吴楚彬	男	72	79	85	92	92	81	507
8	7	陈君慧	女	96	78	74	81	79	96	504
9	8	许培铨	男	76	89	70	96	87	80	498
10	9	廖锐	男	98	79	97	93	77	77	=SUM(D
11	女生化学最低分			79		总分低于500分人数				3
12	男生语文最高分			98		语数英之一科高于90人数				4
13	女生数学总分			168		语数英三科都高于80人数				0
14										
15	性别	性别		总分	语文	数学	英语	语文	数学	英语
16	女	男		<500	>90		>80	>80		>80
17					>90					
18						>90				

工作表标签：题目　SH1　SH2　SH1答案　SH2答案

图中下方标注：标签滚动按钮、工作表标签

状态栏：就绪　　　数字

图 3-1　Excel 的窗口

1．工作簿

Excel 文件称为工作簿，它用于保存工作表和图表，其扩展名为.xls。在默认情况下，一个工作簿文件有三个工作表，用户可以根据需要增加或删除工作表。每个工作表都有一个名字，称为标签，显示在窗口底部。工作表标签默认为 Sheet1、Sheet2、Sheet3 等，可以改名。在任一时刻只显示一个工作表，该工作表称为当前工作表。当前工作表的标签高亮显示。单击某个工作表标签，可将其选择为当前工作表。若当前工作簿中还有工作表没有显示出来，可通过标签滚动按钮◄ ◄ ► ►使工作表标签滚出，再选为当前工作表。

要新建、删除或重命名工作表，可右击工作表标签，在打开的快捷菜单中执行"插入｜删除｜重命名"命令；移动或复制工作表用鼠标拖动选定的工作表标签或按住 Ctrl 键的同时拖动工作表即可。

在 Excel 中新建、打开和保存工作簿的操作，与 Word 中的操作基本相同。

2. 工作区与单元格

Excel 的工作区位于编辑栏的下方，由工作表区域、滚动条和工作表标签组成。每个工作表最多可以有 65536 行（行号 1~65536）和 256 列（列号 A，B，C，…，Z，AA，AB…IV）组成，其中行和列交叉处为单元格，输入的数据保存在单元格中，每个单元格可容纳 32767 个字符。在单元格中只能显示 1024 个字符，而在编辑栏中可显示全部 32767 个字符（可以在 Excel 的"帮助"中查找"Excel 规范与限制"查看相关内容）。单元格的地址由其所在的列号和行号标识，如"E3"表示位于第 E 列第 3 行的单元格。为了区分不同工作表中的单元格，在地址前加工作表名称，如"Sheet1!E3"表示"Sheet1"工作表的"E3"单元格。

3. 当前单元格与单元格区域的选取

要想使用哪个单元格，先要选取该单元格。被选取的当前单元格由深色粗框线框起，被选取的单元格区域除左上角单元格（当前单元格）外均以黑底反白显示。在所选单元格或区域的右下角有一个小方块（称为填充柄），用鼠标向外拖动可扩展或填充单元格区域，向内拖动则清除部分区域。

选取单元格或单元格区域的方法如下。

1）单个单元格：单击相应的单元格，或用方向键移动到相应的单元格。

2）某个单元格区域：单击选定该区域的第一个单元格，然后拖动鼠标直至选定最后一个单元格。

3）工作表中所有单元格：单击"全选"按钮。

4）不相邻的单元格或单元格区域：先选定第一个单元格或单元格区域，然后按住 Ctrl 键再选定其他的单元格或单元格区域。

5）整行：单击行号。

6）整列：单击列标。

7）相邻的行或列：沿行号或列标拖动鼠标。

8）不相邻的行或列：先选定第一行或第一列，然后按住 Ctrl 键再选定其他的行或列。

4. 编辑栏

编辑栏用于显示工作表中当前单元格的地址及数据。编辑栏左侧为"名称框" [____D1____▾]，显示当前单元格的地址。当向单元格输入数据或进行数据修改时，在编辑栏中出现"取消"⊠、"输入"☑和"编辑公式" ƒ× 三个按钮，并将输入的数据或公式显示在编辑栏的右边。

单击编辑栏中的"取消"按钮或按 Esc 键，可取消本次输入，单击编辑栏中的"输入"按钮或按 Enter 键确认用户输入单元格的内容，单击"编辑公式"按钮将出现"插入函数"对话框，帮助用户输入函数。

3.3 数据的输入

要向单元格输入数据，首先要单击该单元格使其成为当前单元格，然后输入数据。数据可从键盘输入，也可自动输入。

Excel 对输入的数据会自动区分类型。在默认情况下，数值型数据右对齐，文本型数据左对齐。

1. 文本输入

文本包括汉字、英文字母、数字、空格及所有键盘能输入的符号。文本输入后在单元格中左对齐。有时为了将学号、电话号码、邮政编码等数字作为文本处理，在输入时要在数字前加上一个单引号。文本输入超出单元格的宽度时，将扩展到右列；若右列已有数据，将被截断显示。

2. 数值输入

数值类型的数据包括 0～9、+、-、E、e、￥、%、小数点（.）和千分位（,）。数值输入后在单元格中自动右对齐。若数值输入过长，则以科学记数法显示。例如，123451234512，则显示 1.23E+11。单元格中的数值保留 15 位有效数字。若小数输入超出设定的位数，将从超出位四舍五入显示。

3. 日期和时间数据输入

输入日期的格式为"yy/mm/dd"或"yy-mm-dd"。输入时间格式为"hh：mm(AM/PM)"。其中表示时间时在 AM/PM 与分钟之间应有空格，比如 7:20 PM，如缺少空格将被当作字符数据处理。

4. 分数输入

为了和日期类型数据相区分，输入分数时前加 0 和空格，如 0 3/4。

5. "自动填充"输入

用鼠标拖拽单元格右下角的填充柄可以实现有规律的数据的输入，如等差、等比、系统定义的序列以及用户自定义的序列。

填充相同的数据（相当于复制数据）：选中一个单元格或区域，往水平或垂直方向直接拖动填充柄即可。

填充序列数据：执行"编辑 | 填充 | 序列"命令，打开"序列"对话框，如图 3-2 所示，可以进行等差序列、等比序列、日期等的输入。

例如，要输入一个等差数列 2，4，6，…，首先在选定起始的单元格内输入数据 2，然后用鼠标水平或垂直方向选中复制范围，打开"序列"对话框，选择等差序列，填入步长值 2，单击"确定"按钮即可。也可以先输入这列数据开始的两个数据 2 和 4，然后

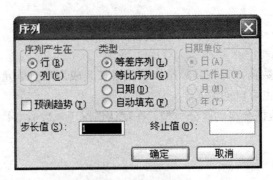

图 3-2 "序列"对话框

选中这两个单元格，将光标箭头移向区域右下角的填充柄，按下左键拖拽到最后一个单元格即可。

填充系统定义的序列或用户自定义序列：通过执行"工具 | 选项"命令，打开"选项"对话框，选择"自定义序列"选项卡，如图 3-3 所示。用户可添加新序列或修改已有的自定义序列。使用时只要在单元格中输入序列中的任何一个，即可用拖拽填充柄的方法完成序列中数据的循环输入。

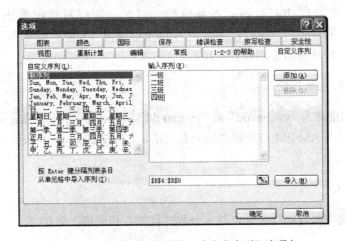

图 3-3 "选项"对话框中的"自定义序列"选项卡

用户添加自定义序列的方法是在"自定义序列"选项卡的"输入序列"文本框中输入自定义的数据，并在每个输入的数据后面按 Enter 键，最后单击"添加"按钮，再单击"确定"按钮即可。

6. 有效性输入

在输入数据之前，可利用"数据 | 有效性"命令进行数据有效范围的设置，以防止在数据输入时输入不合法的数据。例如，输入的日期应大于等于 2000/1/1，小于或等于 2050/1/1，则有效性输入设置如图 3-4 所示。

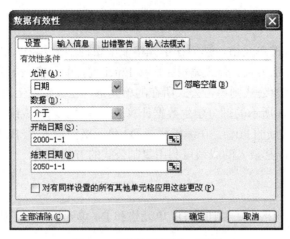

图 3-4　"数据有效性"对话框

3.4　使用公式与函数

Excel 软件的强大功能体现在数值计算上。通过公式和函数可以对表中数据进行总计、平均、汇总以及其他复杂的运算，可以建立工作簿、表、单元格间的运算关系，而且如果原始数据改变，公式计算结果将会自动改变。

3.4.1　使用公式

公式是以"＝"开头，由运算符、单元格地址、常量和函数组成。在公式中可以使用的运算符如表 3-1 所示。

表 3-1　运算符

运 算 符	结 果	举 例
算术运算符	数值	加"+"、减"−"、乘"*"、除"/"、百分号"%"、乘方"^"
关系运算符	真/假	等于"="、大于">"、小于"<"、大于等于">="、小于等于"<="、不等于"<>"
文本运算符	文本	连接"&"
引用运算符		区域"："（A1:C3 表示 A1 到 C3 两个引用之间的 9 个单元格） 联合"，"（将多个引用合并为一个引用，如 A1:C3,E1:F3 表示 15 个单元格的引用）

运算符的优先顺序由高到低如下所述。

区域"："、联合"，"、负号" "、（百分号"%"、乘方"^"）、（乘"*"，除"/"）、（加"+"、减"−"）、连接"&"、（等于"="、大于">"、小于"<"、大于等于">="、小于等于"<="、不等于"<>"）。

注 意

括号中的运算符的优先级相同。优先级相同时，按由左向右顺序计算。

1. 输入公式

选择要输入公式的单元格，然后在单元格或编辑栏中输入公式。输入公式时，在编辑栏和单元格内都显示公式。公式编辑完后按 Enter 键，单元格显示公式的计算结果，而编辑栏显示公式。修改公式则单击公式所在的单元格，在编辑栏上对公式进行编辑。

例如，对如图 3-5 所示的部分学生数据计算总评成绩。总评成绩由两部分构成：平时成绩的 20％和期末成绩的 80％。在编辑栏或 D2 单元格内输入"=B2*0.2+C2*0.8"，然后按 Enter 键或☑按钮，其余人的成绩可利用复制公式的方式完成。

2. 复制公式

在计算完 D2 单元格后还要计算 D3 单元格和 D4 单元格，为了快速计算，可以使用公式复制来完成计算。

方法一：使用"选择性粘贴"复制公式。

具体操作步骤是复制一个有完整公式的单元格，并将公式粘贴到目标单元格中。

1）单击 D2 单元格。

2）执行"编辑 | 复制"命令。

3）选中 D3:D4 单元格。

4）执行"编辑 | 选择性粘贴"命令，弹出"选择性粘贴"对话框，如图 3-6 所示。

5）在"粘贴"选项组中选择"公式"单选项，然后单击"确定"按钮。

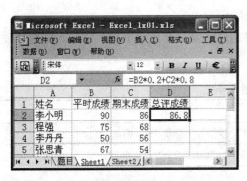

图 3-5　公式输入

图 3-6　"选择性粘贴"对话框

方法二：填充复制公式。

用鼠标拖动复制的方法快速填充公式，Excel 自动更改公式中的单元格引用，操作步骤如下所述。

1）选中带公式的单元格，如 D2 单元格。

2）将光标指针指向 D2 单元格右下角的填充柄，指针变成一个小"+"字形，按住鼠标左键向 D4 单元格方向拖动，即实现了公式的复制。

3. 公式中单元格的引用

Excel 的单元格引用有两种基本方式：相对引用和绝对引用。

（1）相对引用

相对引用是指引用的单元格地址会随公式所在的单元格的位置变化而改变。也就是当把一个含有单元格地址的公式复制到一个新的位置时，公式中的单元格地址会随之改变。例如，在图 3-5 中，D2 单元格中的公式"=B2*0.2+C2*0.8"复制到 D3 单元格后，D3 单元格中的公式变为"=B3*0.2+C3*0.8"，其结果也相应计算出来。

（2）绝对引用

公式中的绝对引用不会随目标单元格地址的改变而变化。在行号或列号前面添加"$"代表绝对引用。如图 3-7 所示，计算 C3 单元格到 C6 单元格的 8 折后的价格，计算中都要引用一个不变的 B8 单元格，在 C3 单元格中输入"=B2*B8"，"B8"就是 B8 单元格的绝对引用，它在公式复制中始终保持不变。

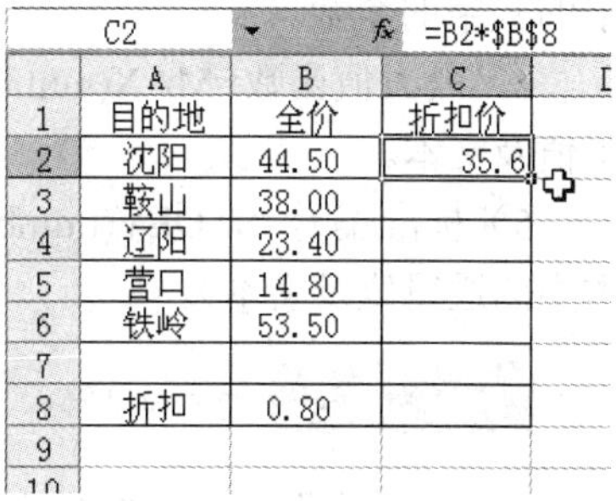

图 3-7　单元格的绝对引用

3.4.2　使用函数

Excel 提供了许多内置函数，包括常用、财务、日期与时间、数学与三角函数、统计、文本、逻辑函数等。

函数包含两部分：函数名和参数表。语法形式为：函数名（参数 1，参数 2，…），其中参数可以是常量、单元格、单元格区域或其他函数。

函数的输入有以下两种方法。

（1）直接输入法

在"="后直接输入函数名和参数。例如，"=SUM(A1:C1)"，此方法要求函数名和参数输入要正确。

（2）使用函数向导

一般先选中要输出结果的单元格，然后通过执行"插入 | 函数"命令或单击"自动求和" Σ▪ 旁的箭头，选择"其他函数"选项，打开"插入函数"对话框，如图 3-8 所示。选择函数和参数，单击"确定"按钮。

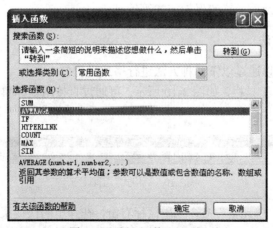

图 3-8　"插入函数"对话框

Excel 常用函数有以下几种。

1）求和函数=SUM(number1，number2，…)，返回其参数的和。

2）平均值函数=AVERAGE(number1，number2，…)，返回其参数的算术平均值。

3）计数函数=COUNT(value1，value2，…)，求计算包含数字的单元格以及参数列表中的数字的个数。

4）最大值函数=MAX(number1，number2，…)，返回一组数值中的最大值，忽略逻辑值及文本。

5）标准偏差=STDEV(number1，number2，…)，计算给定样本的标准偏差（忽略样本中的逻辑值及文本）。

> **注意**
>
> 以上函数中的参数 number1，number2 等可以是数值，也可以是包含数值的引用，如 SUM（A1:C1）。

6）IF 函数=IF(logical_test，value_if_true，value_if_false)，创建条件公式。

IF 函数使用下列参数。

logical_test：要选取的条件（逻辑表达式，它能产生逻辑值（TRUE 或 FALSE））。

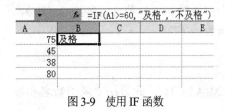

图 3-9　使用 IF 函数

value_if_true：条件为真时返回的值。

value_if_false：条件为假时返回的值。

例如，公式＝IF(A1>=60, "及格", "不及格")，表示对 A1 单元格中的数据进行测试。如果其值大于或等于 60，返回值为"及格"字符串；否则，返回值为"不及格"字符串，如图 3-9 所示。

3.5　单元格格式化处理

单元格的格式是指单元格内容的文本和数字格式、对齐方式、行高和列宽、单元格的边框、底纹图案以及单元格的保护方式等信息。

3.5.1　格式化处理方法

单元格格式化可以通过以下四种方法进行格式设置。

1）使用"格式"工具栏，如图 3-10 所示。可通过直接用鼠标单击这些按钮来进行相应的格式化操作。

图 3-10　"格式"工具栏

2）执行"格式｜单元格"命令或用鼠标右击，在弹出的快捷菜单中选择"设置单元格格式"命令，打开"单元格格式"对话框，如图 3-11 所示。它有六个选项卡，分别为数字、对齐、字体、边框、图案和保护等。用户可进行相应的单元格数据的格式设置。

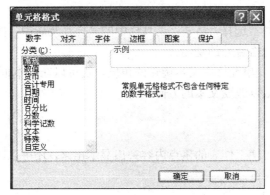

图 3-11　"单元格格式"对话框

3）执行"格式 | 自动套用格式"命令，使用系统预定义的制表格式。

4）执行"格式 | 条件格式"命令，可根据条件设置有关的格式。

3.5.2　常用格式化操作

1. 设置"对齐"格式

在默认情况下，Excel 自动将文字内容向左对齐、数值内容向右对齐。用户也可利用"单元格格式"对话框的"对齐"选项卡设置单元格的对齐格式，如图 3-12 所示。

图 3-12　"单元格格式"对话框中的"对齐"选项卡

"水平对齐"下拉列表框包括常规、靠左、居中、靠右、填充、两端对齐、跨列居中、分散对齐等选项。

"垂直对齐"下拉列表框包括靠上、居中、靠下、两端对齐、分散对齐等选项。

"自动换行"表示对输入的文本根据单元格列宽自动换行。

"缩小字体填充"表示减小单元格中的字符大小，使数据的宽度与列宽相同。

"合并单元格"表示将多个单元格合并为一个单元格，合并前左上角单元格的内容为合并后单元格的内容。

在实际的应用中通常选择"格式"工具栏中的"合并及居中"按钮 来合并单元格。它还具有取消一组单元格合并的功能。

"方向"框用来改变单元格中文本旋转的角度，还可以在文本框下面的"度"文本框中输入文本旋转的度数以改变文本的方向。

2. 设置边框和底纹

设置边框和底纹可使工作表的重点内容突出显示出来，还可以区分工作表不同部分，并且更加美观和容易阅读。

（1）设置边框

在默认情况下，Excel 并不为单元格设置边框，工作表中的网格线在打印时，虽然可以选择打印显示，但是显示后的效果是整个页面都有线条，不能突出显示表格部分，所以通常不会打印网格线，而是通过"边框"命令来修饰表格。

首先选择要设置边框的所有单元格，然后利用"单元格格式"对话框的"边框"选项卡设置边框，如图 3-13 所示。

图 3-13　"单元格格式"对话框中的"边框"选项卡

先在"线条"选项组的"样式"列表框中选择线条样式，在"颜色"下拉列表框中选择边框颜色。然后在"预置"选项组中，选择"外边框"按钮，完成添加或删除边框，并可在预览框中看到边框应用的效果，边框会随文本的旋转而旋转。

（2）设置底纹

使用底纹可以给单元格加上色彩和图案。先选择要设置底纹的所有单元格，然后在"单元格格式"对话框中选择"图案"选项卡。在"颜色"列表中选择所需的颜色，或在"图案"下拉列表框中，选择所需的图案样式和颜色。

3. 取消/显示网格线

执行"工具 | 选项"命令，弹出"选项"对话框。选择"视图"选项卡，选择"窗口选项"中的"网格线"的复选框，如图 3-14 所示。

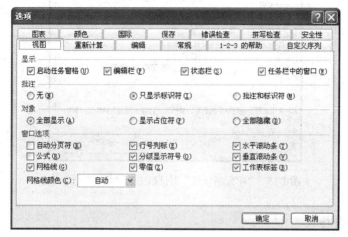

图 3-14　"选项"对话框

4. 行高与列宽设置

在默认情况下，当单元格中输入的字符串超过列宽时，超出的文字被隐藏，数字则用"#######"表示。当然，完整的数据还在单元格中，只是没有显示。因此可以调整行高和列宽，以便于显示完整的数据。

（1）快速调整

将光标指向列标（或行号）的分隔线，当光标指针变成双箭头✛（✛）时，拖动鼠标至适当宽度，或直接双击鼠标左键即可完成宽度的调整。

（2）精确调整

选择要调整的单元格区域，用鼠标单击"格式"菜单中的"列"或"行"子菜单进行设置。

选择"列宽"或"行高"，显示其对话框，输入所需的宽度或高度。

选择"最合适的列宽"命令，选定列中最宽的数据为宽度自动调整。

选择"最合适的行高"命令，选定行中最高的数据为高度自动调整。

选择"隐藏"命令，将选定的列或行隐藏。

选择"取消隐藏"命令，将隐藏的列或行重新显示。

5. 设置数字的格式

在"单元格格式"对话框的"数字"选项卡的"分类"列表中选择合适的格式，如图 3-15 所示。

图 3-15　"单元格格式"对话框中的"数字"选项卡

6. 设置条件格式

执行"格式 | 条件格式"命令,打开"条件格式"对话框,其中提供了最多用三个不同表达式设置不同的格式,如图 3-16 所示,对小于 60 分、大于 90 分的成绩以不同的格式显示。

对已设置的条件格式,可以利用"删除"按钮进行格式删除;利用"添加"按钮进行条件格式的添加。

图 3-16　"条件格式"对话框

3.6　图表的创建与编辑

Excel 中的图表类型共有 14 种,包括柱形图、饼图、条形图、面积图、折线图、气泡图以及三维图等，每一类又有若干种子类型。用户可将电子表格中的数据以图形的形式表现出来，并可编辑图表中的各种对象。

创建图表有两种方式：一是对选定的数据源直接按 F11 键快速创建图表；二是利用图表向导创建图表。

3.6.1　图表的创建

创建图表的步骤如下所述。

1）首先选择要在图表中使用数据的单元格区域，在本例中选图 3-17 中的学号、英语、数学三列数据。

2）执行"插入 | 图表"命令，或单击"常用"工具栏中"图表向导"按钮 ，在"图表类型"对话框中选择图表类型和子类型。

3）选择图表的数据区域。如果选择"行"单选项，则使数据图表以横向排定数据；如果选择"列"单选项，则使数据图表以纵向排定数据。

4）在"标题"选项卡的"图表标题""分类（X）轴""数值（Y）轴"等文本框中输入相应的说明性文字，还可以选择其他选项卡进行设置。

图 3-17　选中的数据源

5）图表放置的位置。选择"作为新工作表插入"单选项，并键入新工作表的名称，将生成一个独立图表工作表；选择"作为其中对象插入"单选项，将在图表数据源所在工作表中插入图表，即生成一个"嵌入式图表"，如图 3-18 所示。

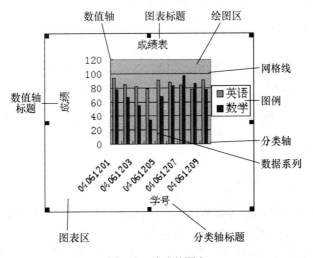

图 3-18　生成的图表

3.6.2　图表的编辑

图表编辑是指对图表中各个对象的编辑，包括数据的增加、删除等。

图表的编辑一般有两种方法：一是通过指向图表的快捷菜单进行编辑；二是通过"图表"工具栏进行编辑。执行"视图 | 工具栏 | 图表"命令，可打开"图表"工具栏，如图 3-19 所示。

图 3-19　"图表"工具栏

1. 图表对象

图表中的对象由图表区、绘图区、图表标题、数值轴、分类轴、网络线、图例、数据系列等组成，如图 3-18 所示。

图表对象的选择方法：通过单击"图表"工具栏的"图表对象"下拉按钮，选择某对象，或者用鼠标直接单击某个图表对象。

2. 图表中数据的编辑

图表与生成它们的数据是相链接的，如果工作表中的数据源发生了变化，则图表中的对应数据也会自动更新。

删除数据系列：如果要同时删除工作表和图表中的数据，只需删除工作表中的数据，图表将自动更新。如果希望删除图表中的数据系列，而保持工作表中的数据，用鼠标在绘图区内单击需删除的数据系列，按 Delete 键即可。

添加数据系列：对嵌入式图表，只要选中要添加的数据区域，然后用鼠标指向单元格区域的边缘。当光标指针变为箭头时，按住鼠标左键，将单元格区域拖到图表中即可。对独立图表可通过执行"图表 | 添加数据"命令进行。

3. 图表对象的格式化

将鼠标指向要格式化的对象，单击右键，在弹出的快捷菜单中选择该对象的格式设置，包括图案、文字和对齐、位置、颜色等。不同的对象可有不同的格式设置选项。

3.7　数　据　管　理

3.7.1　数据清单

数据清单是工作表中的单元格构成的矩形区域。建立数据清单可以对数据进行排序、筛选、分类汇总等操作。数据清单有以下特点。

1）在一个工作表上只能建立一个数据清单。数据清单的第一行是列标志，用来给每列命名。

2）数据清单中的一列称为一个字段，一行称为一条记录。列标志（也称字段名）必须在数据清单的第一行。

3）每一列必须是类型相同的数据，不能有完全相同的两行内容，不允许有空行或空列。数据清单与其他的数据之间至少留出一个空白列和一个空白行。

数据清单既可像一般工作表一样直接进行建立和编辑，也可通过执行"数据 | 记录单"命令以记录为单位进行新建、删除、移动、修改和数据查询等操作，如图 3-20 所示。

图 3-20　数据编辑

3.7.2　数据排序

数据排序是把一列或多列无序的数据变为有序的数据。可以根据一列或多列中的数据值进行排序，也可以按照某行中的数值对列排序。对英文字母，按字母次序（默认不区分大小写）排序，汉字可按拼音或笔画排序。

1．简单排序

简单排序是指用一个字段按升序或降序排列，可以利用"常用"工具栏中的"升序"按钮或"降序"按钮快速地实现，也可通过执行"数据 | 排序"命令实现。

2．复杂数据排序

复杂数据排序要通过执行"数据 | 排序"命令实现。当排序的字段值相同时，最多可以使用三列的字段名对数据进行排序，当数据清单有标题时，可以选择其中的"有标题行"单选项。例如，对工资表按"部门"为主要关键字升序排序，对同一"部门"按"基本工资"降序排序，若部门、基本工资均相同，还可按"编号"升序排序。进行所要求排序的对话框设置如图 3-21 所示。

如果对英文字母区分大小写，或标题在数据清单左侧，或要求对汉字按笔画排序，可单击"排序"对话框中的"选项"按钮，打开"排序选项"对话框，如图 3-22 所示，根据需要选择相应的选项。

图 3-21 "排序"对话框　　　　　　　图 3-22 "排序选项"对话框

3.7.3 数据筛选

数据筛选是指在数据清单中选出满足某些条件的记录，不满足条件的记录被暂时隐藏起来。当筛选条件被删除时，又恢复显示数据清单的所有记录。

筛选分为自动筛选和高级筛选。自动筛选对单个字段建立筛选，多字段之间的筛选是逻辑与的关系，即同时满足各个条件。高级筛选对复杂条件建立筛选，要建立条件区域。

1. 自动筛选

单击要筛选的数据清单中的任意单元格，执行"数据｜筛选｜自动筛选"命令，每个标题单元格的右边出现筛选箭头。单击所需筛选的字段名右边的筛选箭头，出现下拉列表框，前面三个为：（全部），（前 10 个），（自定义……）。接下来是该列中出现的且无重复的值。在下拉列表框中选择所要筛选的值，或通过"自定义"输入筛选的条件。

例如，要筛选出 A02 部门基本工资高于 1500 元的记录。这里部门代码字段直接在下拉列表框选择"A02"即可。基本工资字段要通过"自定义"来设置筛选的条件，如图 3-23 所示。

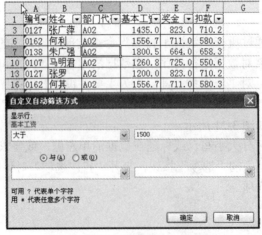

图 3-23 利用自动筛选进行简单筛选

如果想取消自动筛选功能，可执行"数据｜筛选｜全部显示"命令，则所有数据恢复显示，但筛选箭头并不消失。而执行"数据｜筛选｜自动筛选"命令，则所有列标题旁的筛选箭头消失，并且所有数据恢复显示。

2. 高级筛选

使用高级筛选，首先在数据清单外的任何位置建立条件区域。条件区域至少两行，且首行为与数据清单中的字段名。同一行上的条件关系为逻辑与，不同行之间为逻辑或。

例如，查找"基本工资"高于 1500 元或者"奖金"高于 800 元的记录。首先在数据清单以外的位置建立条件区，输入条件，然后执行"数据｜筛选｜高级筛选"命令，在对话框中选择数据区域和条件区域，如图 3-24 所示。

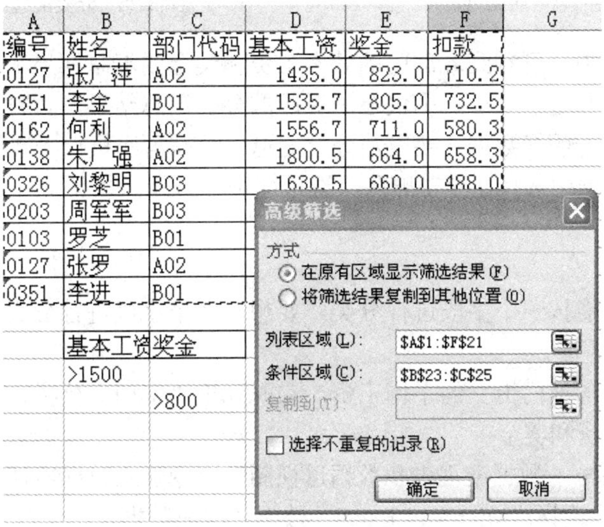

图 3-24　"高级筛选"对话框

3.7.4　分类汇总

分类汇总是指对数据清单按某字段进行分类，将字段值相同的连续记录作为一类，进行数值列的求和、平均、计数等汇总运算。

在分类汇总前必须对要分类的字段进行排序。

例如，求各部门的平均工资和奖金。根据分类汇总要求，实际是对"部门代码"分类，对基本工资和奖金进行汇总，汇总的方式是求平均值。

首先，按照"部门代码"的升序或降序进行排序，然后执行"数据｜分类汇总"命令，弹出"分类汇总"对话框，如图 3-25 所示。

从"分类字段"下拉列表中选择"部门代码"选项，在"汇总方式"的下拉列表中选择"平均值"（在其他情况下还可选择"计数""求和""最大值""最小值""方差"等）选项。在"选定汇总项"列表框中，选择欲汇总的字段（列），这里选择"基本工资"和"奖金"选项。单击"确定"按钮，出现如图 3-26 所示的"分类汇总"结果。

1 2 3		A	B	C	D	E	F
	1	编号	姓名	部门代码	基本工资	奖金	扣款
	2	0127	张广萍	A02	1435.0	823.0	710.2
	3	0162	何利	A02	1556.7	711.0	580.3
	4	0127	张罗	A02	1200.0	823.0	710.2
	5	0107	马达	A02	1260.8	725.0	550.6
	6	0107	鲁军	A02	1430.0	725.0	550.6
-	7			A02 平均值	1376.5	761.4	
+	14			B01 平均值	1314.4	701.0	
	15	0129	宋小燕	B03	1250.3	580.0	465.2
	16	0326	刘黎明	B03	1630.5	660.0	488.0
	17	0203	周军军	B03	1700.4	700.0	650.7
	18	0129	宋盐	B03	1250.3	580.0	465.2
	19	0129	苏新	B03	1250.3	580.0	465.2
	20			B03 平均值	1416.4	620.0	
	21			总计平均值	1365.7	694.6	

图 3-25　"分类汇总"对话框　　　　　图 3-26　分类汇总结果

在分类汇总表中，可看到各部门的基本工资和奖金的汇总结果和总计结果。以及每行数据的值，单击左边的"－"，则仅显示对应的分类汇总结果，暂时隐藏明细数据；反之单击"＋"，则展开明细数据。要取消分类汇总，只需再次执行"数据｜分类汇总"命令，从弹出的对话框中选择"全部删除"选项即可。

3.7.5　数据透视表

分类汇总表只能按一个字段进行分类，要想对多个字段进行分类并汇总，就要利用数据透视表解决。

例如，要统计各部门男女的平均工资，它既要按"部门"分类，又要按"性别"分类，并计算平均工资和奖金。

通过执行"数据｜数据透视表和数据透视图"命令建立数据透视表，共分三步。

"3 步骤之 1"：选择"Microsoft Excel　数据清单或数据库"选项。

"3 步骤之 2"："请键入或选定要建立数据透视表的数据源区域"选项，用户可以选定区域（注意包括标题行）。

"3 步骤之 3"：确定数据透视表显示位置。对"新建工作表"和"现有工作表"任选一个。单击"完成"按钮，弹出"数据透视表字段列表"窗口，如图 3-27 所示。

图 3-27　"数据透视表字段列表"布局窗口

　　"数据透视表"布局窗口中的行字段区、列字段区、页字段区为分类的字段，数据项区为汇总的字段和汇总方式。可将右部的字段拖到左部的布局窗口中。例如，将"部门代码"拖到"行字段区"，"性别"拖到"列字段区"，将"基本工资"和"奖金"拖到"数据项区"，还可将某字段拖到"页字段区"，表示将按照该字段的值分页。在默认情况下，数据项区的汇总字段如果是数值型字段则对其求和，否则为计数。右击数据项区的汇总字段，在弹出的快捷菜单中选择"字段设置"命令，弹出"数据透视表字段"对话框，如图 3-28 所示，可将"汇总方式"改为"平均值"。

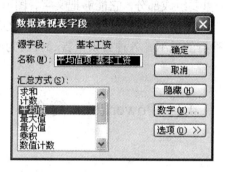

图 3-28　"数据透视表字段"对话框

第4章　演示文稿制作软件 PowerPoint

PowerPoint 是 Windows 环境下用来制作演示文稿与播放的应用软件，也是微软公司 Office 办公集成软件的一个重要组成部分。它能够把文字、图形、图像、超链接、声音以及视频等多种对象集成在一起，帮助用户创建生动丰富、图文并茂的电子版幻灯片。教师授课的内容，学生论文答辩的提纲、各种会议报告、公司为产品作的介绍等都可应用演示文稿来展示。

4.1　PowerPoint 简介

4.1.1　功能简介

PowerPoint 有以下功能。

1）提供了丰富的模板、布局和幻灯片向导，可以打包成单独播放演示文稿，可以使用幻灯片切换、排练计时和自定义动画及观看放映等。

2）幻灯片打印包括打印大纲、演示文稿、演讲者备注和讲义等。

3）支持演示文稿网络讨论和电子邮件，支持召开演示文稿网上会议，可以将演示文稿通过网络在多台计算机上进行广播演示。

PowerPoint 2003 有以下新增功能。

1. 经过更新的播放器

经过改进的 PowerPoint Viewer 可进行高保真输出，可支持 PowerPoint 2003 图形、动画和媒体等。

2. 打包成 CD

"打包成 CD"是指可打包演示文稿和所有支持文件，包括链接文件，并从 CD 自动运行演示文稿。在打包演示文稿时，经过更新的 PowerPoint Viewer 也包含在 CD 上。因此，没有安装 PowerPoint 软件的计算机不需要安装播放器。"打包成 CD"允许将演示文稿打包到文件夹中，以便存档或发布到网络共享位置。

3. 对媒体播放的改进

PowerPoint 2003 可在全屏演示文稿中查看和播放影片。

4. 新幻灯片放映导航工具

新的"幻灯片放映"工具栏使用户可使用墨迹注释工具、笔和荧光笔选项以及"幻灯片放映"菜单，而且工具栏绝不会引起观众的注意。

4.1.2　窗口介绍

启动 PowerPoint 后，显示如图 4-1 所示的窗口。

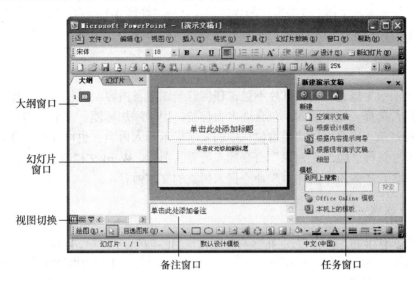

图 4-1　PowerPoint 普通视图窗口

PowerPoint 的窗口界面有标题栏、菜单栏、工具栏、工作区和状态栏。它们的功能及使用方法与 Office 其他应用程序基本相同，不同的是在普通视图下窗口由幻灯片窗口、大纲窗口和备注窗口及任务窗口组成的。

幻灯片窗口：可以查看每张幻灯片中的文本外观。可以在单张幻灯片中添加图形、声音和影片，并创建超链接以及向其中添加动画，是幻灯片的主要编辑窗口。

大纲窗口：有两个选项卡，即大纲和幻灯片。"大纲"选项卡显示了幻灯片中的文本大纲，"幻灯片"选项卡显示了幻灯片的缩略图。

备注窗口：显示打开的幻灯片的备注说明文字。

任务窗口：是 Office 应用程序中提供常用命令的窗口。PowerPoint 使用它可以创建新演示文稿，选择幻灯片的版式，选择设计模板、配色方案或动画方案，创建自定义动画，设置幻灯片切换，查找文件等。

视图切换按钮：单击这些按钮可以切换到相应的视图中，以便从不同的视图查看幻灯片。从左到右依次为普通视图、幻灯片浏览视图和幻灯片放映。在幻灯片浏览视图中，可以在屏幕上同时看到演示文稿中的所有幻灯片缩略图。幻灯片放映视图运行放映幻灯片。放映幻灯片的顺序有两种：如果在幻灯片浏览视图中，则从所选幻灯片开始放映；如果在幻灯片视图中，则从当前幻灯片开始放映。

4.2　演示文稿的创建和编辑

4.2.1　创建演示文稿

演示文稿由若干张幻灯片组成，每张幻灯片主要包括幻灯片标题（提示主题）、若干文本条目（用来论述主题）；另外，还可包括图形、表格等其他对于论述主题有帮助的内容。演示文稿以扩展名.ppt 保存在磁盘上，所以有时将演示文稿简称为 PPT 文件。

创建演示文稿有三种方式："空演示文稿""设计模板""内容提示向导"，这些方式均可通过"新建演示文稿"任务窗口的相应选项选择，如图 4-1 所示。如果"新建演示文稿"任务窗口没有显示，可执行"视图 | 任务窗格"命令。

1. 空演示文稿

利用空演示文稿建立的幻灯片不包含任何背景图案及内容，但包含了多种文字和内容版式供用户选择。这些版式中包含许多占位符，用于添加标题、文字、图片、图表和表格等各种对象。用户可以按照占位符中的文字提示输入内容；也可以对多余的占位符删除。可通过执行"插入 | 对象"命令插入所需的图片、Word 文档与 Excel 表格等各种对象；通过执行"插入 | 文本框"命令插入所需的文本内容。

2. 设计模板

利用 PowerPoint 提供的多种模板来制作特定版式的演示文稿；也可以选择"本机上的模板"选项，再选择"演示文稿"选项卡，如图 4-2 所示。PowerPoint 提供的大量现成的内容模板，大大加快了制作演示文稿的速度。

图 4-2 "新建演示文稿"对话框

3. 内容提示向导

利用"根据内容提示向导"中的提示，用户只需对各个幻灯片内容稍加修改即可得到适合自己需要的演示文稿。

4.2.2 演示文稿的编辑

演示文稿的编辑主要是指在演示文稿中进行插入、删除、复制、移动幻灯片等操作。

1. 幻灯片的插入

单击"格式"工具栏中的"新建幻灯片"按钮，或执行"插入 | 新幻灯片"命令，便在指定的位置插入一张新的幻灯片，然后在"幻灯片版式"任务窗口中选择合适的版式。

2．幻灯片的删除

在"大纲窗口"中选中要删除的幻灯片，按 Delete 键或执行"编辑 | 删除幻灯片"命令即可。如果需要删除多张幻灯片，可在单击鼠标左键的同时按下 Shift 键或 Ctrl 键来选择相邻或不相邻的多张幻灯片，再按 Delete 键。

3．幻灯片的复制

首先选中要复制的幻灯片，然后执行"编辑 | 复制"命令，单击要复制的位置，再执行"编辑 | 粘贴"命令。也可通过在按下 Ctrl 键时拖动鼠标的方式来实现幻灯片的复制。

4．幻灯片的移动

单击要移动的幻灯片，然后按住鼠标，拖动幻灯片到所需要的位置松开鼠标即可。

5．幻灯片的隐藏

执行"幻灯片放映 | 隐藏幻灯片"命令后，可使隐藏的幻灯片在放映时不出现，但它仍然保留在文件中，再次执行该命令，可解除幻灯片的隐藏。

6．幻灯片版式的更改

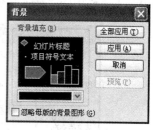

先选中要更改版式的幻灯片，然后执行"格式 | 幻灯片版式"命令进行更改。

7．幻灯片背景图案的设置

执行"格式 | 背景"命令，打开"背景"对话框，可设置背景图案等，如图 4-3 所示。

图 4-3　"背景"对话框

8．在幻灯片中添加文本

有四种文本可以添加到幻灯片中：占位符文本、自选图形中的文本、文本框中的文本和艺术字文本。

（1）占位符文本

占位符是指在幻灯片模板中，还没有实际内容但先用方框或符号留出位置，这些占位符用"单击此处添加文本""单击此处添加标题"等文字标出。占位符可通过复制粘贴添加，并且只有占位符中的文本才显示在大纲窗口中。

（2）自选图形中的文本

通过"绘图"工具栏的"自选图形"按钮可在图形中键入文本，其中文本可随图形移动或旋转。

（3）文本框中的文本

执行"插入 | 文本框"命令，可将文本框添加到幻灯片中。通过文本框可将文本放置到幻灯片的任何位置，并可对文本框格式进行各种设置。

（4）艺术字文本

单击"绘图"工具栏的"插入艺术字"按钮█或执行"插入 | 图片 | 艺术字"命令，可将艺术字添加到幻灯片中。

9. 在幻灯片中插入图片

Office 的剪辑库中提供了大量的图片素材，用户可执行"插入 | 图片"命令完成。

10. 在幻灯片中插入声音和影片

可执行"插入 | 影片和声音"命令插入影片、声音等多媒体对象。例如，插入一个声音文件后会出现一个对话框，询问是否要在放映幻灯片时自动播放，还是在单击时播放该声音。成功插入声音文件后，在幻灯片中会显示图标█。

11. 插入超链接和动作按钮

超链接是从一张幻灯片跳到同一文档的某张幻灯片上，或者转跳到其他文件，如另一个演示文稿、Word 文档、Web 网页或电子邮件地址等。

（1）插入以下划线表示的超链接

选定要设置超链接的对象（文字或图片等），执行"插入 | 超链接"命令或单击"常用"工具栏中的"插入超链接"按钮█，进入"插入超链接"对话框，如图 4-4 所示。

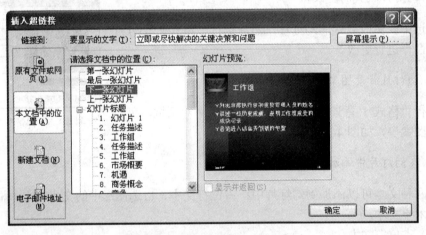

图 4-4 "插入超链接"对话框

1）原有文件或网页：链接到当前文件夹文档、浏览过的网页或近期文件。

2）本文档中的位置：链接到本文档的其他幻灯片。

3）新建文档：链接到一个新演示文稿。

4）电子邮件地址：链接到一个电子邮件地址。

在进行了上述超链接的有关设置后，在幻灯片放映视图中可以看到作为超链接的文字或对象下面有一条下划线，幻灯片放映时，可以用超链接实现跳转。

（2）动作按钮

通过执行"幻灯片放映 | 动作按钮"命令选择超链接按钮，如图 4-5 所示，在幻灯

片的适当位置将该按钮"画出（拖动）"，然后进入"动作设置"对话框，如图 4-6 所示。

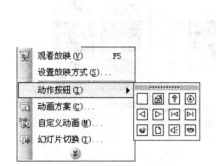

图 4-5　"动作按钮"子菜单　　　　　　图 4-6　"动作设置"对话框

其中，最主要的设置是"超链接到"。利用它可以链接到本文档的另一张幻灯片、URL（网站地址）及其他文档等。

12. 在幻灯片插入表格/图表/图示

通过"插入"菜单用户可方便地在幻灯片上嵌入表格、图表及"组织结构图""循环图"等。

4.3　幻灯片外观设计

4.3.1　应用设计模板

PowerPoint 软件提供了大量已设计好的"模板"，可执行"视图 | 任务窗格 | 幻灯片设计"命令，打开"幻灯片设计"任务窗口，在"设计模板"中显示了 PowerPoint 提供的各种设计模板，如图 4-7 所示。在同一演示文档中可以有不同的设计模板，具体方法为：选择若干幻灯片，然后在"幻灯片设计"任务窗口的"设计模板"中选择所需的模板即可。

4.3.2　幻灯片的配色方案

在设计模板中，幻灯片的文本、背景、强调文字等对象已被进行了协调的配色，用户也可通过配色方案对幻灯片需要强调的部分进行重新配色。在"幻灯片设计"任务窗口的"配色方案"中可选择预设的八种配色方案之一，也可对选定的配色方案进一步调整，

图 4-7　幻灯片设计模板

即选择"编辑配色方案"选项，在"自定义"选项卡中对各部分进行重新设置，如图 4-8
所示。

图 4-8　"编辑配色方案"对话框

4.3.3　母版的使用

　　幻灯片母版是用来存储模板信息的，这些模板信息包括字形、占位符大小和位置、
背景设计和配色方案等。使用母版是为了演示文稿保持一致的风格和布局，同时提高编
辑效率。通常使用幻灯片母版进行下列操作：更改字体或项目符号，插入要在多个幻灯
片上显示的相同图片，更改占位符的位置、大小和格式，通过执行"视图｜页眉和页脚"
命令，在其对话框中设置幻灯片的日期、编号等。

　　执行"视图｜母版｜幻灯片母版｜讲义母版"（或"备注母版"）命令，将显示对应
母版视图，在此视图中可以更改幻灯片母版。例如，选择"幻灯片母版"选项，如图 4-9
所示。需要说明的是，母版样式有两个，分别为第 1 张幻灯片使用的母版和其他幻灯片
使用的母版。母版上标题和文本只用于样式，实际的文本内容应在普通视图的幻灯片上
输入，而页眉和页脚、作者名、单位名、单位图标、日期和幻灯片编号应在"页眉和页
脚"对话框中输入。

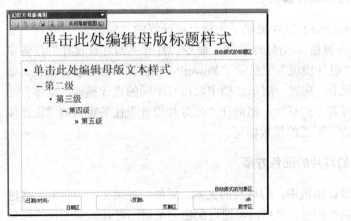

图 4-9　幻灯片母版

4.4 幻灯片放映设置

4.4.1 设置幻灯片动画

用户可以对幻灯片上的文本、图片、表格等对象设置动画效果，如可以设置一段文本从屏幕的一侧飞入屏幕等。这样可以突出重点，提高演示的趣味性。

1. 动画方案

"动画方案"是指系统提供的一组预设的动画，使用户可快速地设置动画效果。执行"幻灯片放映 | 动画方案"命令，出现如图 4-10 所示的动画方案任务窗口。

在"应用于所选幻灯片"列表框中列出了无动画、细微型、温和型和华丽型四类动画方案。对于这些预设的动画样式，对不同的对象，如幻灯片本身、标题和正文，规定了动画效果。将鼠标指向某动画样式时，就会显示该样式的提示信息。用户可在其中选择一种所需的动画样式。

如果要取消动画效果，先选择要取消动画的幻灯片，然后在"应用于所选幻灯片"列表框中选择"无动画"选项即可。在幻灯片放映时，只有单击鼠标、按 Enter 键、按 ↓ 键或按 Page Down 键时，动画对象才显示。

2. 自定义动画

当用户要突出某对象的动画效果时，可以执行"幻灯片放映 | 自定义动画"命令，打开"自定义动画"任务窗口，如图 4-11 所示。单击"添加效果"子菜单，"进入"

图 4-10　动画方案任务窗口　　　　　　图 4-11　"自定义动画"任务窗口

"强调""退出""动作路径"四个选项用于对选中的对象添加某类动画效果。"开始""方向""速度"三个下拉列表框中的选项用于选择动画激发的动作、动画的方向和动画的显示速度。下方的列表框用于定义幻灯片中已定义动画的对象显示的顺序，可通过鼠标拖动来改变顺序。

图4-12　"幻灯片切换"任务窗口

4.4.2　设置幻灯片间的切换效果

幻灯片间的切换效果是指幻灯片放映时两张幻灯片之间切换的动画效果。例如，新幻灯片出现时以水平百叶窗、溶解、平滑淡出等方法展现等。执行"幻灯片放映 | 幻灯片切换"命令，可打开"幻灯片切换"任务窗口，进行切换效果选择，如图4-12所示。

其中，在"修改切换效果"栏可设置速度、选择声音。在"换片方式"栏可设置为"单击鼠标时"切换，也可设置间隔时间实现自动切换。

4.4.3　设置幻灯片的放映方式

PowerPoint 提供了三种不同的放映方式，用户可根据需要进行设置。执行"幻灯片放映 | 设置放映方式"命令，打开"设置放映方式"对话框，如图4-13所示。

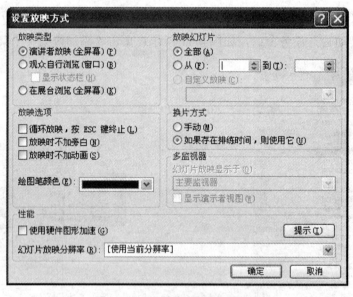

图4-13　"设置放映方式"对话框

三种放映方式介绍如下。

1）演讲者放映（全屏幕）：以全屏幕形式放映演示文稿。演讲者可以控制放映的进程，可采用自动或人工方式放映。

2）观众自行浏览（窗口）：演示文稿会出现在浏览窗口内，在放映时可浏览、编辑幻灯片，可以使用滚动条从一张幻灯片移到另一张幻灯片，同时可打开其他程序。

3）在展台浏览（全屏幕）：以全屏形式自动循环放映演示文稿。幻灯片按人工设置的幻灯片切换放映，或通过执行"幻灯片放映 | 排练计时"命令，设置时间和次序放映，按 Esc 键终止放映。

4.5　打印演示文稿

用户可以将演示文稿的幻灯片、讲义、备注和大纲等打印出来。打印设置方法：执行"文件 | 打印"命令，在打开的"打印"对话框中，选择"打印内容"为幻灯片、讲义、备注页和大纲视图即可。

4.6　演示文稿打包

PowerPoint 2003 中的"打包成 CD"功能使用户可将一个或多个演示文稿随同支持文件复制到 CD 中。默认情况下，PowerPoint 播放器包含在 CD 上，并将在其他计算机上运行打包的演示文稿。

将演示文稿打包成 CD 的步骤如下所述。

1）打开要打包的演示文稿。

2）将可写入 CD 插入到 CD 刻录机中。

3）执行"文件 | 打包成 CD"命令，打开"打包成 CD"对话框，如图 4-14 所示，在"将 CD 命名为"文本框中输入名称。

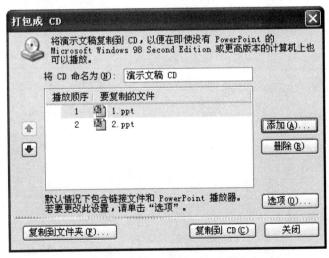

图 4-14　"打包成 CD"对话框

4）如果需要添加其他演示文稿或其他不能自动包括的文件，单击"添加"按钮，选择要添加的文件。

在默认情况下，演示文稿被设置为按照"要复制的文件"列表中排列的顺序进行自动播放。若要更改播放顺序，先选中演示文稿，然后单击↑键或↓键，将其移动到新位置。

在默认情况下，当前打开的演示文稿已经出现在"要复制的文件"列表中。链接到演示文稿的文件（如图形文件）会自动包括在内。

5）如果要更改默认设置，单击"选项"按钮进行操作。

6）单击"复制到 CD"按钮。

另外，用户也可使用以上方法将一个或多个演示文稿打包到计算机或某个网络位置上的文件夹中。具体做法是：在上述操作步骤的最后一步中，不单击"复制到 CD"按钮，而单击"复制到文件夹"按钮，然后输入文件夹信息。

第 5 章　数据库软件 Access

Access 是 Microsoft 公司的 Office 办公自动化软件的组成部分，是应用广泛的关系型数据库管理系统之一，既可以用于小型数据库系统开发，又可以作为大中型数据库应用系统的辅助数据库或组成部分。在全国计算机等级考试、全国计算机应用证书考试等多种计算机知识考试中都有 Access 数据库应用技术。

5.1　创建数据库

5.1.1　Access 数据库软件简介

Access 是一种关系型桌面数据库管理系统，经多次升级改版，其功能愈来愈强，而操作愈来愈简单。作为 Office 的套件之一，Access 具有与 Word、Excel 等组件风格统一的操作界面，用户很容易掌握其使用方法。

Access 2003 是 Office 2003 的一个组件。下面以 Access 2003 为例介绍其使用方法。与其他数据库管理系统相比，Access 2003 主要有以下六个特点。

（1）存储文件单一

一个 Access 数据库文件（扩展名为.mdb）包含了该数据库应用的全部对象内容，便于操作和管理。

（2）操作简便、设计过程自动化

设计过程大量提供向导操作，提高了设计效率。

（3）兼容多种格式数据

Access 2003 提供了与外部应用程序的良好接口，能识别多种格式的数据，如 SQL Server、FoxBase 和 FoxPro 等数据库格式数据，甚至是 txt、Word 及 Excel 的数据。

（4）具有较好的集成开发功能

Access 2003 提供了内嵌的 VBA 语言，可以使用它来编写一些复杂的数据库应用程序。

（5）具有 Web 网页发布功能

通过创建数据访问页，可以将数据发布到 Internet 或 Intranet。

（6）可以构建 C/S 模式服务

Access 2003 可以创建数据库项目。其中，可以将 Access 2003 作为前台客户端开发工具访问和管理后端的数据库（如 SQL Server 等），从而实现 C/S 模式的数据库应用系统。

5.1.2　Access 数据库的对象

Access 通过其内部的各种数据库对象来组织和管理数据。Access 数据库由数据库对象和组组成。其中的对象又分为七类，分别是表、查询、窗体、报表、数据访问页、宏及模块。

1. 表

表是数据库中用来存储数据的最基本对象，它是整个数据库系统的数据源，也是数据库其他对象的基础。Access 中的表是二维表。

2. 查询

查询是数据库系统中一个十分重要的对象，它用于在一个或多个表内查找某些特定的数据，完成数据的检索和汇总，供用户查看。查询的同时还可以对相关的数据进行更改和分析。没有查询，应用系统就不能对数据进行处理。

3. 窗体

窗体是 Access 中用户和应用程序之间交互的主要界面，用户对数据库的任何操作都可以通过窗体来完成。

4. 报表

报表用于设计记录数据的格式输出，按照需要进行屏幕显示或打印机输出。

5. 数据访问页

数据访问页是从 Access 2000 增加的对象，用于完成记录数据在 Web 页中的输出，从而实现网络上的记录数据发布。

6. 宏

宏是 Access 中功能强大的对象之一。虽然前面介绍的五种对象都具有强大的功能，但它们彼此之间不能相互驱动，要将这些对象有机地组合起来，只有通过 Access 提供的宏和模块这两种对象来实现。

宏是一种特殊的代码，它没有控制转移功能，也不能直接操纵变量，但能将各对象有机地组合起来，帮助用户实现各种操作集合，使系统成为一个可以良好运行的软件。

7. 模块

模块是 Access 中实现数据库复杂管理功能的有效工具，它由 Visual Basic 编制的过程和函数组成。模块提供了更加独立的动作流程，并且允许捕捉错误，而宏无法实现这些功能。使用 Visual Basic 可以编制各种对象的属性及方法，从而实现细致的操作和复杂的控制功能。

5.1.3 创建 Access 数据库

Access 的数据库文件包含了该数据库的全部数据表、查询、窗体和报表等内容。创建时首先要建立一个数据库，然后设计相关的表、查询等其他对象，并将它们存储在同一个文件中。

在 Access 中可以直接创建空数据库，也可以根据现有数据库文件创建数据库，还可以根据模板来创建数据库。

1. 创建空数据库

创建空数据库的步骤如下。

1）启动 Access 2003。

2）单击工具栏上的"新建"按钮。

3）选择"空数据库"选项。

4）在"文件新建数据库"对话框的"保存位置"下拉列表中，选择数据库文件保存位置，输入数据库文件名，例如"学生"，单击"创建"按钮，进入数据库窗口，如图 5-1 所示。

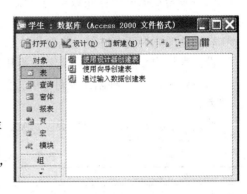

图 5-1　数据库窗口

2. 使用模板创建数据库

Access 提供了多种数据库模板，利用这些模板及其向导功能，可以方便、快速地创建一个比较完整的数据库系统。其操作步骤如下。

1）与创建空数据库的步骤相同。

2）与第 1）步相同。

3）选择"本机上的模板"选项，打开"模板"对话框。

4）选择"数据库"选项卡，选择需要的模板标签，然后单击"确定"按钮。

5）在打开的对话框中输入数据库文件名后，会打开相关的"数据库向导"对话框，按照向导提示就可以完成创建过程。

3. 数据库的打开或关闭

数据库建好之后，需要经常打开或关闭，以进行各种数据处理。

（1）打开数据库

打开数据库主要有以下两种操作方法。

1）启动 Access 后，在打开的"开始工作"任务窗口中选择"打开"列表中的选项，选择目标数据库文件名后即可打开该数据库。

2）执行"文件 | 打开"命令或单击数据库工具栏中的"打开"按钮，从弹出的"打开"对话框中选择文件夹、文件类型及目标数据库文件即可。

（2）关闭数据库

关闭数据库主要有以下两种操作方法。

1）单击数据库窗口的"关闭"按钮。

2）执行"文件 | 关闭"命令。

5.2　创建数据库表

由于表是数据库中存储数据的对象，同时也为其他对象提供数据的来源，因此建立数据库后的首要任务就是建立表。

表的创建分为两个过程，先要设计表的结构，然后再向表中输入数据。

设计表结构，主要包括定义字段及其属性、定义主键和定义表间关系等操作。

Access 提供了三种创建表对象的方法，使用设计器、使用"向导"和通过输入数据创建表。

首先，了解 Access 的数据类型。Access 常用的数据类型主要有九种，如表 5-1 所示。

表 5-1　Access 的数据类型

数据类型	含义	用途
文本型	长度不超过 255 个字符的文本字符串	文本或数字文本
数字型	数字值，有字节型、整型、长整型、单精度型和双精度型	数学计算的数值数据
货币型	小数点左侧达到 15 位，小数点右侧达到 4 位	货币计算
日期时间型	表示 100~9999 年之间的任意日期和时间	日期和时间数据
是/否型	取"是"或"否"之一的逻辑值	只含两值之一的数据
备注型	长度不超过 64000 个字符的文本字符串	长文本
OLE 对象	链接或嵌入的外部对象数据	图片等数据
自动编号型	追加记录时能自动填充的一系列数字	一般用于主关键字
超级链接型	链接到其他文档、URL 或文档内某个位置	

如需设计一个学生数据表的结构，可参见表 5-2，表命名为"学生"。

表 5-2　"学生基本信息"表的表结构

字段名称	字段类型	字段大小	主键
学号	文本	10	是
姓名	文本	12	
性别	文本	2	
是否党员	是/否		
入学成绩	数字	单精度型	
出生日期	日期/时间		
简历	备注		
照片	OLE 对象		

设计出了表结构，就可以利用 Access 提供的表对象创建方法来加以实现。

5.2.1　表的创建方法

1. 使用设计器创建表

在数据库窗口中，左侧选定"表"对象，然后单击"设计"按钮 设计(D)，或直接双击"使用设计器创建表"选项，就可打开表设计器，如图 5-2 所示。

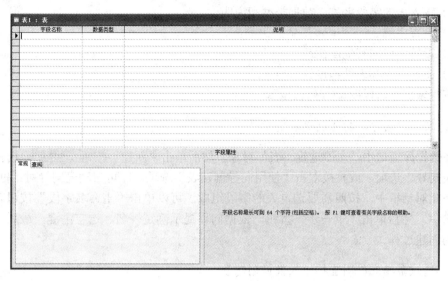

图 5-2 表设计器窗口

Access 表的设计器窗口分上下两个部分，上部分有三列，其中："字段名称"列用于顺序输入设计好的字段名称；"数据类型"列用下拉列表选定字段对应的数据类型；"说明"列是可选输入项，用于安排字段的一些附加说明。下面部分是"字段属性"的设置，其中的属性项内容会随上面部分当前操作字段的数据类型不同而有所变化。

下面列出了一些主要属性进行简要说明。

1）字段大小：规定文本字符数或数字的类型字段大小。

2）格式：指定数据的显示格式。

3）小数位数：规定数字或货币数据的小数位数。

4）输入掩码：指定数据的输入格式。

5）标题：规定数据表视图或窗体中的字段标题显示。

6）默认值：添加新记录时自动输入的值。

7）有效性规则：用于设计输入的条件表达式。

8）有效性文本：指定输入数据违反上述有效性规则时的提示信息文本。

9）必填字段：指定该字段是否必须输入。

10）允许空字符串：规定文本数据是否可以输入空字符串。

11）索引：指定字段是否有索引及索引方式。字段索引有利于加快数据检索。

12）输入法模式：指定文本输入时的输入法状态。

此外，数据表还必须设定主键属性。其操作方法为：先单击拖动选定作为主键的字段行，然后选择 Access 窗口工具栏，单击"主键"按钮 ，或选定作为主键的字段行后用右键单击，从打开的快捷菜单项中选择"主键"命令，就可以设定主键属性了。注意主键有单字段和多字段之分，其设定方法相同。

设定上述这些属性时，表设计器在右下角区域以蓝色文本形式给出了对应属性的简单说明，帮助用户了解属性功能。

使用设计器设计新的表结构一般需要以下操作步骤。

1）输入表的字段名称、数据类型和说明。

2）设置主键。

3）设置字段的其他属性。

4）命名并保存表结构设计。

表对象保存后以图标 列表显示。

2. 使用"向导"功能创建表

在数据库窗口中，左侧选定"表"对象，然后单击"新建"按钮 新建(N)，选择其中的"表向导"选项，或直接双击"使用向导创建表"选项，即可启动表向导对话框。

在此对话框中，按照需要选定表的字段组成，可以单击"重命名字段"按钮来修改字段名称，然后单击"下一步"按钮，依据向导提示确定表名、选定主键，最后完成一个表的创建过程。

3. 通过数据表视图直接输入数据创建表

在数据库窗口的左侧选定"表"对象，然后单击"新建"按钮 新建(N)，选择其中的"数据表视图"选项，或直接双击"通过输入数据创建表"命令，即可直接进入一个新生成的数据表视图中，如图5-3所示。

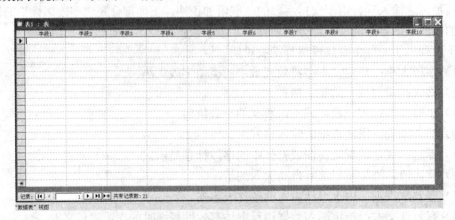

图5-3　数据表视图

在此数据表视图里，可以通过双击字段标题位置，或在字段标题位置右击，从快捷菜单项中选择"重命名列"命令，产生一个编辑光标，在此可以将系统产生的默认字段名修改为新字段名，最后命名、保存表即可。

 注 意

没有重命名或输入数据的字段，保存后并不存在。

如果先输入一组记录数据，系统会根据输入数据的特点自动确定表中字段的数据类型。否则，默认均为文本型，长度为255。

这种方法适用于快速数据表的创建。虽然可以修改字段名，并且通过输入一定数据自动获得字段类型，但表结构的其他一些属性并不一定符合应用的要求，因此还须配合表设计器对设计字段进行一些必要的修正。

除了上述三种表结构的创建方法之外，Access 中还提供了"导入表"与"链接表"功能。使用这两种功能，可以实现外部数据的导入或链接，并命名保存为数据库的表对象。

这种导入或链接操作不但能生成或链接表结构部分，而且数据部分也一并生成或链接。

通过上述方法创建表结构（空表）之后，就可向表中输入记录数据。在 Access 中有两种表的数据输入形式，一是通过数据表视图，二是通过设计窗体。

在数据表视图中进行数据输入时，要求按照字段类型及字段大小输入对应字段数据，同时还应当考虑其中的主键、必填字段和有效性规则等属性设置带来的数据输入限制。

5.2.2　修改表的设计

数据表创建完毕后，随着使用条件及系统需求的变化，还要对表及表的结构进行调整和修改。Access 提供了以下修改操作。

1. 复制、删除和重命名表对象

在 Access 数据库窗口选定目标表后，执行"编辑｜删除"命令，或单击工具栏的"删除"按钮，或单击鼠标右键，在弹出的快捷菜单中执行"删除"命令，或直接按 Delete 键，均可经确认删除选定的表。

在 Access 数据库窗口选定目标表后，使用 Access 主窗口菜单、工具栏或快捷菜单中的剪贴板功能，可以实现表的粘贴复制。而且操作中可以指定复制表的名称，可以选择"只粘贴结构""结构和数据""将数据追加到已有的表"三种形式之一的操作。此外，还可以通过执行"文件｜另存为"命令，或单击鼠标右键，在弹出的快捷菜单中选择"另存为"命令，来实现表的重命名存储，同样可以达到复制的效果。

在 Access 数据库窗口选定目标表后，执行"编辑｜重命名"命令，或单击鼠标右键，在弹出的快捷菜单中选择"重命名"命令，产生一个编辑光标来完成表的重命名操作。

2. 修改字段名、字段类型及字段属性

创建好的数据表，一般要在表设计器中进行修改字段名、字段类型及字段属性的操作。具体操作参见前面"使用设计器创建表"的相关内容。需要指出的是，对于已经存有记录数据的表，修改其字段类型和字段属性时，必须考虑现存数据与修改部分的协调。否则，只能先删除某些有问题的数据，然后再修改结构。

此外，在数据表视图下也可以修改字段名称。

3. 插入、删除和移动字段

创建好的数据表可以在其设计视图（表设计器）或数据表视图两个环境下进行字段的插入、删除和移动操作。当然，在数据表视图插入的新字段，其属性设置仍需进入表设计器中完成。

要完成字段的删除和移动操作，首先要选定目标字段。在设计视图或数据表视图环境下，一般使用 Shift 键来选择多个连续的目标字段。目标字段选定后，就可以利用菜单、工具栏或键盘上的删除命令完成字段的删除操作；利用鼠标拖动，将字段移动到目标位置完成字段的移动操作。

在设计视图里单击选定的插入目标或在数据表视图里单击字段标题选定的插入目标，然后利用菜单或快捷菜单中行或列的插入命令来完成字段插入操作。

> **注　意**
>
> 　　字段删除会同时删除存在的字段记录数据。在设计视图中移动字段，会同时改变字段在表结构及数据表里的排列位置；而在数据表视图中移动字段，只改变字段在数据表里的排列位置，表结构中的位置不会改变。

5.2.3　表的操作

表的操作主要包括记录数据的追加、删除和修改，更改表的外观，实现记录数据的查找、排序和筛选等。

1. 记录数据的追加、修改和删除

（1）追加

可以将光标直接定位在数据表视图的新记录按钮 * 行，或单击数据表视图导航条中的按钮▶*|，光标也会定位在数据表视图的新记录按钮 * 行。然后按照表结构的各属性要求进行新记录的输入。数据输入时，追加行左侧会显示编辑状态图标.∅ 。

输入完毕后，只有将编辑光标移出此新记录所在行，新记录数据才会真正存储到数据库里。如果编辑光标没有离开追加行，按 Esc 键可以取消此次记录追加操作。

如果记录追加成功，则数据表导航条中的记录总数显示应增加1。

此外，利用剪贴板可以将一个表中的一条或多条记录粘贴追加到具有相同结构的另一个表内。

（2）修改

可以将光标直接定位在数据表视图的目标记录行中，或单击数据表视图上导航条中的上下移动按钮，将光标定位在目标记录行中。然后按照表结构的属性要求对目标数据项进行修改。数据编辑时，修改行左侧会显示编辑状态图标.∅ 。

修改完毕后，只有将编辑光标移出修改所在行，修改数据才会真正存储到数据库里。如果编辑光标没有离开修改行，按 Esc 键可以取消此次数据修改操作。

（3）删除

在数据表视图的"行选定器"位置，通过单击或拖动或配合 Shift 键可以选择一个或多个记录数据。此外，也可以单击"行选定器"的左上角，选择所有记录数据。

想删除的目标记录选定后，可以使用菜单、工具栏或快捷菜单里的删除命令来完成数据的删除操作。

2. 数据表的外观更改

（1）调整行高和列宽

设置数据表视图中的记录行高与字段列宽有两种方法：精确设置与拖动设置。

1）精确设置。

方法一：先选定要调整的记录行或字段标题，执行"格式｜行高"命令或"格式｜列宽"命令，在打开的对话框中输入行高或列宽值即可。

方法二：先选定要调整的记录行或字段标题，右击行选定器，从快捷菜单中选择"行高"命令，或右击字段标题，从快捷菜单中选择"列宽"命令，在打开的对话框中输入行高或列宽值即可。

2）拖动设置。先选定要调整的记录行或字段标题，将光标停在两行或两列的分界位置，拖动调整即可。此外，双击字段右端分界线，则自动调整列宽为刚好容纳字段数据的宽度。

（2）冻结列和取消列的冻结

如果数据表显示字段比较多，则有些字段需要使用滚动条才能看见。Access 的"冻结列"功能可以将某些重要字段固定在屏幕上，滚动字段时这些字段列不动，如同被冻结一般。如果需要，也可以取消列的冻结。

冻结和取消列的冻结操作可以执行"格式｜冻结列"命令和"格式｜取消对所有列的冻结"命令，或单击鼠标右键，在弹出的快捷菜单中，执行"冻结列"命令和"取消对所有列的冻结"命令。

（3）隐藏列

如果数据表显示字段比较多，也可以将一些字段暂时隐藏起来，需要时再重新显示。隐藏字段时，先选定要隐藏的一个或多个字段，然后执行"格式｜隐藏列"命令，或单击鼠标右键，在弹出的快捷菜单中，执行"隐藏列"命令即可。

取消隐藏字段时，执行"格式｜取消隐藏列"命令，会打开"取消隐藏列"对话框，从中选择或取消选中复选框就可以控制字段的隐藏或显示。

3. 数据的查找、排序与筛选

执行"编辑｜查找"命令可以对数据表的数据进行查找，执行"编辑｜替换"命令可以对数据表的数据进行查找并替换。

数据排序可以按照一个或多个字段的内容对记录进行排序。要取消字段的排序，执行"记录｜取消筛选/排序"命令即可。

数据筛选是将无关记录暂时筛掉，保留有用记录。它主要通过指定筛选条件来进行，其操作方式有以下三种。

（1）按选定内容筛选

先在数据表范围内选择要筛选的特征内容，然后单击工具栏上的"按选定内容筛选"按钮或单击鼠标右键，在弹出的快捷菜单中，执行"按选定内容筛选"命令，即可筛选出含筛选特征内容的记录。

（2）内容排除筛选

先在数据表范围内选择要排除筛选的特征内容，然后单击鼠标右键，在弹出的快捷菜单中，执行"内容排除筛选"命令，即可筛选出不含筛选特征内容的记录。

（3）筛选目标

先将光标定位在筛选字段区域，然后单击鼠标右键，在弹出的快捷菜单中，执行"筛选目标"命令，在打开的文本框内输入筛选条件即可。筛选条件是使用等于（=）、不等于（<>），大于（>）、大于等于（>=)、小于（<）和小于等于（<=）六个比较运算符构造的条件式。

经过筛选的数据表，随时可以复原，这主要通过单击工具栏上的"取消筛选"按钮或单击鼠标右键，在弹出的快捷菜单中，执行"取消筛选\排序"命令来实现。

当数据库的所有数据表创建整理完毕后，还应建立相关表之间的关系。Access 提供了建立相关表之间关系的窗口，通过单击工具栏上的"关系"按钮 打开该窗口，然后按照提示添加表，并利用拖动的方法在各表关联字段间建立连线，从而完成表的关联操作。根据需要，可以设置联接属性，进行级联功能的选择。

5.3　数　据　查　询

查询是指能根据用户的不同需要返回或操作用户数据，并以对象形式存储在数据库中的命令，其本质是 SQL 命令。通过查询可以方便地组织用户数据，为窗体、报表等其他对象提供数据源或操作源。

5.3.1　查询设计器

对于 Access 查询，根据其功能可以分为选择查询、参数查询、交叉表查询、操作查询及 SQL 查询五种类型。其设计均可以通过查询向导或查询设计视图（设计器）来进行。查询设计器可以通过单击数据库工具栏"新建"按钮 ，并选择其中的"设计视图"选项或直接双击"在设计视图中创建查询"命令来打开，其结构如图 5-4 所示。

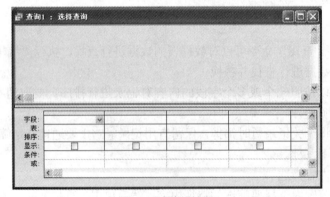

图 5-4　查询设计器

查询设计器窗口分为上下两部分。上部是表或查询的显示区，用于提供查询的数据源。下部是查询设计区，用于指定字段或查询准则条件等。而且，查询设计区的网格每一列对应查询结果的一个字段，每一行是字段属性及条件。

其中，"字段"行用于安排查询字段的名称，"表"行用于显示字段所属的数据表，"排序"行用于指定相关字段的排序状态，"显示"行用于指定相关字段是否显示，"条件"行及其以下各行用于安排字段查询条件。

在实际使用时，按照设计的查询类型不同，查询设计区项目会有所调整。

5.3.2 选择查询

选择查询是最常用的查询，它是根据指定的准则条件，从一个表（查询）或多个表（查询）中获取数据并显示结果。此外，还可以使用选择查询进行记录分组，以完成计算、求和等一些统计运算。

1. 创建选择查询

选择查询，按照其数据来源，可以分为单表（一个表或查询）查询和复表（多个表或查询）查询；按照是否指定准则条件，分为无条件查询和有条件查询。组合起来就可以有四种选择查询，即单表无条件、单表有条件、复表无条件和复表有条件。

四种选择查询的设计过程基本相同，主要步骤如下。

1）打开数据库文件，如打开"学生.mdb"数据库。

2）在数据库窗口中，执行"查询 | 在设计设图中创建查询"命令，打开查询设计器及"显示表"对话框，从中选择一个表（查询）或多个表（查询）并添加到设计器显示区。

3）按照需要，在设计器设计区"字段"行位置添加查询字段名称（可以用"*"号代表数据表的所有字段）。

4）按照需要，在设计器设计区"排序"行和"显示"行位置进行设置。

5）按照需要，在设计器设计区"条件"行及以下位置进行准则条件的设计。

6）命名保存查询。

选择查询对象保存后会以图标 列表显示。

下面给出两个查询设计的例子，查询要求如下。

按"出生日期"降序查询"学生基本信息"表的学号、姓名及是否党员三列信息；查询"学生基本信息"表和"学生选课"表中女同学的学号、姓名、课程号和成绩四列信息。

设计示意图分别如图 5-5 和图 5-6 所示。

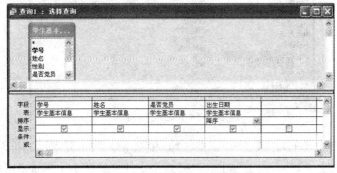

图 5-5 单表无条件查询

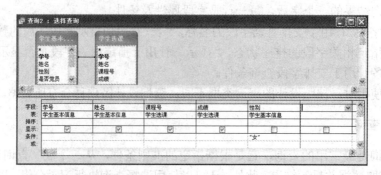

图 5-6　复表有条件查询

需要说明的是，在设计复表查询时，添加到设计器显示区的表或查询之间必须要建立联接关系，否则会产生大量的无用组合记录。联接形式有三种，等值联接、左联接和右联接。其联接形式不同，查询会返回不同的结果。

联接形式的设置可以通过双击联接线或右击联接线再执行"联接属性"命令来打开"联接属性"对话框进行设置。

在查询设计视图中创建查询后，可以有多种方式进入该查询的数据表视图状态。一是执行"查询 | 运行"命令，或直接单击工具栏的"运行"按钮 ；二是直接单击工具栏的"视图"按钮 ；三是命名保存查询后，双击该查询对象图标。

2．构造准则条件

设计有条件查询时，需要在查询设计器的设计区"条件"行及其以下行构造合适的准则条件表达式。设计时，要注意以下六项内容。

1）准则条件输入的方法。可以直接按键输入，或单击鼠标右键，在弹出的快捷菜单中执行"生成器"命令进行构造。"表达式生成器"对话框如图 5-7 所示。

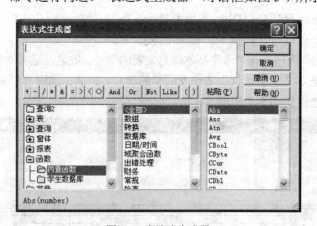

图 5-7　表达式生成器

2）可以使用加（＋）、减（－）、乘（＊）和除（/）四个算术运算符，等于（＝）、不等于（＜＞）、大于（＞）、大于等于（＞＝）、小于（＜）和小于等于（＜＝）六个比较运算符，以及与（And）、或（Or）和非（Not）三个逻辑运算符。

3）提供以下几个特殊运算符。

① Between A And B：适用于数字及日期数据，用来查询字段值介于 A 和 B 间的记录。

② In(A，B，C，…)：用于指定系列值的列表，功能等同于 A Or B Or C Or …。

③ Like A：用于查找指定样式的字符串 A。常配合使用通配符"*"（代表若干任意字符）和"？"（代表任意一个字符）。

下面是三个应用的例子。

① Between 15 And 30：返回字段值为 15～30 的记录数据。

② In(18，20)：返回字段值是 18 或 20 的记录数据。

③ Like "陈*"，或 Like "陈？"：分别返回姓"陈"同学的记录，或姓"陈"且名字是两个字符的同学记录。

4）查询中可以指定多个准则条件。在同一条件行的几个字段位置输入的准则条件，相互间是"与"的关系；在不同行的几个字段位置输入的准则条件，相互间是"或"的关系。

5）准则条件表达式里使用的日期和时间常量必须用"#"号括住，如写成"#2006-5-26#"的形式。

6）构造准则条件表达式时，还可以使用大量的内部系统函数。

3．设计计算字段

在选择查询设计中，除直接添加表的字段显示外，还可以在设计器设计区的"字段"行设计计算表达式，从而构成计算字段。其设计格式为"标题名：表达式"。例如，某个表中已有"数学""英语""计算机"三个字段，分别存储三门课程的成绩，则可以添加一个计算字段"总分：[数学]+[英语]+[计算机]"，计算出总分，再添加一个计算字段"平均分:（[数学]+[英语]+[计算机]）/3"，计算出平均分。

4．进行总计查询

利用前面的计算字段可以进行数据表的横向统计操作，要进行纵向统计，如统计学生的平均成绩等，则必须利用总计查询。

总计查询的设计还是在查询设计器中完成。打开查询设计器后，首先单击工具栏的"总计"按钮Σ，或在设计器设计区内单击鼠标右键，在弹出的快捷菜单中，执行"总计"命令，则会在设计器设计区增加一个名为"总计"的行。纵向统计一般就在此设计，变化后的设计器如图 5-8 所示。

如果在分组字段的"条件"行输入了准则条件表达式，则分组统计后将按照此准则条件进行筛选。例如，在"性别"字段条件行输入"女"，则表示按性别分组并计算出男女学生的某门课的

图 5-8　增加"总计"行的设计器

平均成绩后，再筛选出女学生的平均成绩。

5.3.3　参数查询

选择查询设计时，如果查询的准则条件构造为固定条件，则该查询的适用范围会大大缩小。因为这种查询只能返回特定条件下的数据，不具有通用性。在实际的数据库应用中，很多情况下要通过给定查询条件来返回不同结果的记录数据，这时就不适宜使用带固定条件的查询，而是设计参数查询形式。

Access 的参数查询就是查询准则条件表达式里含有参数的查询。设计时，要求将作为参数的变量名用一对方括号（[ ]）括起来。参数查询运行时，会打开"输入参数值"对话框，要求提供参数的确切值。一旦参数值给定确认后，该参数查询就会依据给定的准则条件进行记录选择。

下面是一个参数查询的例子，同时，还给出了"输入参数值"对话框图，如图 5-9 和图 5-10 所示。

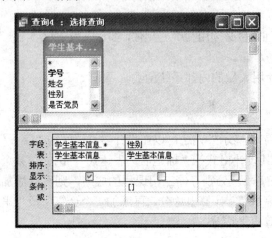

图 5-9　参数查询设计器　　　　　　　　图 5-10　"输入参数值"对话框

当然，在实际的数据库系统应用中是不会以这种形式提供参数值的，而是将参数定义为对窗体上某个控件值的引用。这样，当窗体上该控件输入值后，就可以传送到对应的引用参数内，从而实现参数查询的有效记录数据返回。

5.3.4　操作查询

操作查询用于对已有的数据表实施追加记录、修改记录和删除记录三类操作或创建一个新表操作。相应地，Access 的操作查询按其功能分为追加查询、更新查询、删除查询及生成表查询四种。下面简单介绍前三种操作。

1. 追加查询

要创建追加查询，需要先将打开的默认选择查询设计器改变为追加查询设计器。方法是：执行"查询 | 追加查询"命令，或在设计器显示区单击鼠标右键，在弹出的快捷菜单中，执行"查询类型 | 追加查询"命令。两个操作都会将选择查询设计改变为追加

查询设计。变化后的设计器在设计区新增一个"追加到"行。

创建追加查询涉及两个概念，源数据（表）和目标表。其中，目标表是在查询设计器改变为追加查询设计器时，在打开的"追加"对话框内选定；源数据（表）要添加到设计器的显示区。这时，可以参照源数据（表），将要追加的数据字段填入设计区的"字段"行。在对应的"追加到"行内，选择目标表的追加目标字段。设置完毕后命名保存即可。

追加查询对象保存后会以图标 列表显示。

2. 更新查询

要创建更新查询，需要先将打开的默认选择查询设计器改变为更新查询设计器。方法是：执行"查询 | 更新查询"命令，或在设计器显示区单击鼠标右键，在弹出的快捷菜单中，执行"查询类型 | 更新查询"命令。两个操作都会将选择查询设计改变为更新查询设计。变化后的设计器在设计区新增一个"更新到"行。

创建更新查询也涉及两个概念，旧数据和新数据。首先将数据表添加到设计器的显示区，然后将旧数据对应字段填入设计区的"字段"行，而在下面的"更新到"行内给出修改后的新数据。设置完毕后，命名保存即可。

更新查询对象保存后会以图标 列表显示。

3. 删除查询

要创建删除查询，需要先将打开的默认选择查询设计器改变为删除查询设计器。方法是：执行"查询 | 删除查询"命令，或在设计器显示区单击鼠标右键，在弹出的快捷菜单中，执行"查询类型 | 删除查询"命令。两个操作都会将选择查询设计改变为删除查询设计。变化后的设计器在设计区新增一个"删除"行。

创建删除查询，只需将删除目标表添加到设计器的显示区，然后将代表所有字段的"*"号填入设计区的"字段"行，命名保存即可。

删除查询对象保存后会以图标 列表显示。

以上介绍的是操作查询的一般设计方法。实际应用中还经常会遇到条件追加、条件更新和条件删除的要求，这时就需要在设计器设计区的"字段"行安排必要的条件字段，然后再在对应的"条件"行里构造准则表达式，从而设计出带有准则条件的操作查询。

操作查询设计完毕后，可以有多种运行方式。一种是执行"查询 | 运行"命令，或直接单击工具栏的"运行"按钮 ；另一种是命名保存查询后，双击该查询对象图标。

当然，实际的数据库系统应用中是不会以这两种形式运行操作查询的，而是将查询对象的调用安排在窗体及控件的事件处理中。这时主要以宏调用或 VBA 代码调用两种形式实现操作查询的运行。

5.4　窗体功能

窗体是用户与 Access 应用程序之间的接口。在窗体上可以通过添加并设置控件来完成数据的输入、修改或删除等操作。同时，在窗体的模块代码区进行 VBA 编程，可以实现一些程序控制。

窗体的功能有数据显示与编辑、数据输入及编程控制。Access 系统提供了以下多种类型的窗体。

1）纵栏式：每次只纵向排列显示表或查询的一条记录。

2）表格式：一行显示一条记录，每次可以显示表或查询的多条记录。

3）组合式：含有子窗体和数据表窗体的窗体。

4）图表式：将记录数据以图表形式显示。

5）数据透视表：可以进行计算的交互式表显示窗体。

此外，根据窗体功能不同，又可以将窗体分为以下两大类。

1）无数据显示窗体：窗体界面不显示表或查询的记录数据，只安排一些固定信息及控件操作，如面板类窗体（主画面）及对话框类窗体均属于无数据显示窗体。

2）有数据显示窗体：窗体界面会显示表或查询的记录数据，如进行记录数据的追加、修改和删除的数据维护窗体就属于有数据显示窗体。

对于无数据显示窗体的创建，由于不需要显示数据表或查询的数据，只是在界面上布置控件来完成一些固定文字及固定图像等信息的显示或设计一些控件的事件操作，因此其创建过程并不复杂。而有数据显示窗体创建时，界面上不仅有固定文字、固定图像显示及控件事件操作，而且要与某个数据源（一个表或查询）关联，以不同格式的形式显示字段数据，因此创建过程要复杂一些。

下面介绍主要的窗体创建方法。

5.4.1　使用自动窗体

"自动窗体"功能是 Access 提供的快速创建窗体的方法。下面介绍"自动窗体"的操作。

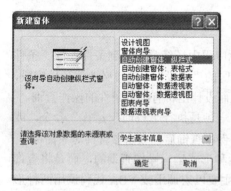

图 5-11　"新建窗体"对话框

（1）选择数据源

前面已经介绍过，数据显示窗体是通过其数据源来决定其数据显示的。下面在表对象列表或查询的对象列表中选择一个合适的对象。这里选择"学生基本信息"表对象。

（2）选择"自动窗体"功能

单击主窗口工具栏的"新对象：窗体"按钮，打开"新建窗体"对话框，如图 5-11 所示。选择"自动创建窗体：纵栏式"选项可以自动创建一个纵栏式的窗体；选择"自动创建窗体：表格式"选项可以自动创建一个表格式的窗体。

> **注　意**
>
> 图 5-11 的下部会自动显示前面已经选定的"学生基本信息"表，这里可以从下拉列表中选择其他表或查询作为数据源。

此外，也可以单击数据库工具栏的"新建"按钮 新建(N)，或单击主窗体工具栏的"新对象：窗体"按钮 右侧的下箭头，从下拉菜单中选择"窗体"命令，两个操作都可以打开如图 5-11 所示的对话框。确定数据源后，选择相应自动创建窗体命令即可。

如果单击主窗体工具栏的"新对象：窗体"按钮 右侧的下箭头，从下拉菜单中选择"自动窗体"命令，则系统直接创建出以"学生基本信息"表为数据源的纵栏式窗体。

5.4.2 使用向导创建窗体

在使用向导创建窗体过程中，每一步系统都会有提示来指导操作，从而帮助设计者完成所有窗体创建的基本工作。其操作过程如下。

1）在如图 5-11 所示的"新建窗体"对话框中选择"窗体向导"选项，或在窗体对象列表窗口中直接双击"使用向导创建窗体"命令，打开"窗体向导"对话框。

在此对话框内，首先要选择数据源的"表/查询"列表字段，如选择"学生基本信息"表。然后利用四个箭头按钮对"可用字段"的列表字段与"选定的字段"的列表字段进行调整，然后确定"选定的字段"中的列表字段内容。

单击"下一步"按钮，进入第二个向导窗口。

2）在打开的后续向导窗口中，按照提示完成窗体布局的确定（即选择创建窗体类型）、外观样式选择及窗体标题的确定，并命名保存窗体对象。

5.4.3 在设计视图中创建窗体

使用前面介绍的"自动窗体功能"或"向导"功能创建窗体，虽然在一定程度上简化了设计过程，但并不能很好地满足个性化设计需要，这时，可以选择使用设计视图来创建窗体，它能充分体现设计需要。

1. 设计视图及工具箱

在如图 5-11 所示的"新建窗体"对话框中选择"设计视图"选项，或在窗体对象列表窗口中直接双击"在设计视图中创建窗体"命令，打开窗体的设计视图。

同时打开的还有设计工具箱，通过它可以在设计视图网格区域添加各种控件，完成窗体界面的数据显示和操作功能。工具箱如图 5-12 所示。

图 5-12 工具箱

工具箱提供了 20 种控件。

1）（选择对象）：用来选定某一个控件。

2）（控件向导）：为开关按钮，开启或关闭控件操作的向导功能。

3）（标签）：用于显示固定文字信息，如字段标题等。

4）（文本框）：用于输入、编辑和显示文本。

5）（选项组）：用于对选项按钮进行分组，实现单选效果。

6）（切换按钮）：是具有弹起和按下两种状态的命令按钮。

7）（单选按钮）：具有选中或不选中两种状态，一次只能选一个。

8) ☑ (复选框): 具有选中或不选中两种状态, 可多选或不选。

9) ▤ (组合框): 显示一个文本框和一个下拉列表。

10) ▦ (列表框): 显示一个可滚动的数据列表。

11) ▭ (命令按钮): 用来执行命令。

12) ▨ (图像): 用于显示固定图像信息。

13) ▩ (未绑定对象框): 用于安排一些非绑定的 OLE 对象。

14) ▩ (绑定对象框): 用于安排绑定到 OLE 对象类型字段数据, 如照片等。

15) ▥ (分页符): 用于设计分页窗体。

16) ▢ (选项卡): 用于创建多页控件。

17) ▦ (子窗体/子报表): 用于添加"子窗体"。

18) ＼ (直线): 用于绘制直线。

19) ▢ (矩形): 用于绘制矩形。

20) ▨ (其他控件): 用于使用其他 ActiveX 控件。

Access 的这些控件, 按照其能否关联数据表或查询数据源的字段数据可以分为两类, 绑定控件和非绑定控件。其中, 绑定控件是指可以在窗体上显示字段数据的一类控件, 如文本框(常作为"文本""数字""货币""日期""备注"类型字段数据的显示)、复选框(常作为"是/否"类型字段数据的显示)和绑定对象框(常作为"OLE 对象"类型字段数据的显示); 非绑定控件是指在窗体上不显示字段数据, 一般显示为固定文字或固定图像信息, 如标签(用于显示固定文字信息)、图像(用于显示固定图像信息)和非绑定对象框(用于显示非绑定的 OLE 对象信息)等。

窗体设计窗口打开时, 默认只有"主体"区域。实际上, 可以通过右键打开快捷菜单, 从中分别选择"窗体页眉/页脚"和"页面页眉/页脚"命令, 则设计窗口又会打开四个区域, 分别是窗体页眉、窗体页脚、页面页眉及页面页脚。其中"页面页眉/页脚"区用于处理窗体的打印, 一般不常使用。这样, 如果将"窗体页眉/页脚"区打开, 连同"主体"区, 就构成了一般窗体设计的三个基本操作区域。

"主体"区是窗体设计的主要区域, 主要用于显示字段数据; "窗体页眉/页脚"区一般安排固定文字、固定图像及一些功能。窗体功能都要通过添加并设置控件来实现。

图 5-13　窗体属性窗口

2. 属性窗口

对窗体以及窗体上控件的外观、数据等进行操作属性设置时, 就需要打开 Access 的窗体属性窗口。可以通过直接单击主窗口上的"属性"按钮 ▣, 或右击打开快捷菜单选择"属性"命令, 均可打开属性窗口, 如图 5-13 所示。

关于属性窗口, 有如下两点要说明。

1) 属性窗口一定是对应当前控件对象进行设置的。选择不同控件, 属性窗口内容会有所不同。

2) 属性窗口由"格式""数据""事件""其他""全部"五个选项卡组成。其中, "格式"选项卡用于窗体控件的外观属性设置; "数据"选项卡用于绑定控件的数据属性设置;

"事件"选项卡用于控件操作属性（事件）设置；"其他"选项卡用于控件的其他一些属性的设置，其中重要的是"名称"属性；"全部"选项卡是前四个选项卡属性的汇总。

3. 设计视图创建窗体

设计视图创建窗体的主要步骤如下所述。

1）创建一个空白窗体。根据需要打开"窗体页眉/页脚"区域。

2）添加控件。按照设计规划，向空白窗体的几个区域内添加需要的控件。需要注意的是，自动创建窗体中纵栏式窗体和表格式窗体的控件布局是不同的。纵栏式窗体显示字段标题的标签控件和显示字段数据的绑定控件均被布置在窗体的"主体"区；表格式窗体显示字段标题的标签控件布置在"窗体页眉/页脚"区，显示字段数据的绑定控件则被布置在"主体"区。

3）设置数据源。对于无数据显示窗体的设计，不涉及此项操作。

对于有数据显示窗体设计，则必须进行窗体的数据源设定。具体来说，是要完成两次"挂接"操作。

① 第一次"挂接"是实现窗体与表或查询的关联。此项操作可以用鼠标右击窗体的空白处（即无网格处），在快捷菜单中单击"属性"命令，或直接双击窗体空白处，打开"窗体"属性对话框，在"数据"选项卡的"记录源"列表中选择要关联的表或查询。

② 第二次"挂接"是实现控件与字段的关联。此项操作必须在控件添加到窗体上，并且第一次"挂接"操作完成的情况下进行。可用鼠标右击控件，在打开的快捷菜单中选择"属性"命令，或直接双击控件，打开控件属性对话框，在"数据"选项卡的"控件来源"中设置控件与字段的关联。

> **注 意**
>
> 不同类型字段数据，应当选择合适的绑定控件去"挂接"和显示。

4）设置窗体及控件属性。通过设定属性窗口，可以控制窗体及控件的外观和行为。其中，执行"其他 | 名称"命令可设定绑定对象框名称；执行"事件 | 单击"命令可设定命令按钮的单击事件处理。

5）命名保存。设计好的窗体可以进行命名保存，保存后窗体对象以图标▤列表显示。

4. 设计计算控件

有数据显示窗体设计中，绑定控件的第二次"挂接"操作是设置控件的"控件来源"属性。一般情况下，是直接从选项字段列表中选择显示字段来设定，但也可以设定控件的"控件来源"属性为一个计算表达式，这就构成了计算控件。而且该计算表达式规定要以等号"="开头，如可以利用计算表达式"=Year(Date())-Year(出生日期)"实现由"出生日期"字段值来计算并显示其年龄。

对于无数据显示窗体设计，绑定控件的"控件来源"属性也可以设置为等号开头的计算表达式。打开窗体时，该绑定控件会计算并显示表达式的值。例如，设置一个文本框的"控件来源"属性为"=2*3+1"，窗体打开后该文本框显示值为 7。

5. 复杂窗体设计

Access 除了可以进行一般窗体的创建外，还可以通过一些控件来设计复杂的窗体。使用"子窗体/子报表"控件，可以实现关联表的信息在一个窗体设计画面上输出；使用"分页符"控件，可以构造分页窗体，常用于窗体上控件过多，不宜安排在一个窗体屏幕内显示的场合。使用"选项卡"控件，可以构造多页控件，常用于复杂对话框窗体的设计。

6. 修改窗体设计

窗体完成一般设计后，常常需要进行以下几个方面的修改和补充。

（1）控件大小、位置及对齐方式调整

在窗体设计过程中，将所需控件添加到窗体区域后，经常需要调整控件的大小、位置及对齐方式，以获得一个好的设计效果。

控件大小调整有如下几种方法。

1）利用控件属性窗口的"宽度"和"高度"属性进行精确设定。

2）利用鼠标在控件选定框的四周拖动来调整被选择的一个或一组控件的大小。

3）配合使用 Shift 键及四个方向键来微调被选择的一个或一组控件的大小。

4）选定一组控件，执行"格式 | 大小"命令或单击鼠标右键，在弹出的快捷菜单中，执行"大小"命令，实现依据参考控件进行组内控件大小的统一调整。

控件位置调整也有以下几种方法。

1）利用控件属性窗口的"上边距"和"下边距"属性进行精确设定。

2）利用鼠标拖动来改变被选择的一个或一组控件的位置。

3）配合使用 Ctrl 键及四个方向键来微调被选择的一个或一组控件的位置。

4）选定一组控件，执行"格式 | 对齐"命令或单击鼠标右键，在弹出的快捷菜单中，执行"对齐"命令，实现依据参考控件进行组内控件对齐方式的统一调整。

（2）设计命令按钮

"命令按钮"控件广泛应用于 Access 的各种类型窗体设计中，以实现流程的控制。其中最主要的是通过提供其"单击"事件属性进行事件的下一步处理。

命令按钮的"单击"事件属性主要有如下两种设置方式。

1）设置为已经创建好的宏对象。

2）设置为"[事件过程]"选项，然后单击其后的"…"按钮，进入事件的代码设计区，创建 VBA 代码。

（3）补充窗体设计

Access 的窗体设计除添加控件完成相应显示及操作功能外，对于控件数量较少的窗体，经常通过增加一些附加的线条来丰富窗体内容、美化窗体设计。这时，主要使用的就是"直线"控件和"矩形"控件。

5.5 数 据 报 表

数据报表用于格式数据的打印输出。同时，在数据报表中还可以进行多项汇总、添加图片和图表等操作。报表的创建过程与窗体的创建过程基本相同，但窗体可以输入、输出数据并可以进行交互操作，而报表只用于输出数据，没有交互功能。

需要指出的是，报表对象创建之前，应在 Windows 系统里设置好一台打印机（不一定要实际的打印机设备，虚拟打印机也可以）。否则，将无法正常进行报表创建工作。

Access 系统提供了以下几种类型的报表。

1）纵栏式：每次只纵向排列显示表或查询的多条记录。

2）表格式：一行显示一条记录，每次可以显示表或查询的多条记录。

3）组合式：含有子报表的报表。

4）图表式：将记录数据以图表形式显示。

5）标签式：以标签形式显示。

与窗体创建方法相同，报表设计也是利用工具箱来布置控件，显示固定文字和固定图像信息，同时还要与某个数据源（一个表或查询）关联，布置控件显示其字段数据。

Access 提供了三种创建报表的方法，分别介绍如下。

5.5.1　使用自动报表

与"自动窗体"功能对应，"自动报表"功能是 Access 提供的一个快速创建报表的方法。下面以创建"学生"信息显示报表为例，介绍"自动报表"的操作过程。

（1）选择数据源

创建报表也要选择合适的数据源作为其数据输出的来源。下面在表对象列表或查询对象列表中选择一个合适对象，这里选择"学生基本信息"表对象。

（2）选择"自动报表"功能

单击主窗口工具栏的"新对象"按钮 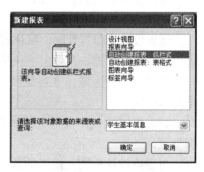 右侧的下箭头，从下拉菜单中选择"报表"命令，打开"新建报表"对话框，如图 5-14 所示。

选择"自动创建报表：纵栏式"选项可以自动创建一个纵栏式的报表；选择"自动创建报表：表格式"选项可以自动创建一个表格式的报表。

图 5-14　"新建报表"对话框

> **注 意**
>
> 图 5-14 中自动显示前面已经选定的"学生基本信息"表，可以从下拉列表中选择其他表或查询作为数据源。

此外，也可以单击数据库工具栏的"新建"按钮 新建(N)，打开"新建报表"对话框，确定数据源后，选择相应自动创建报表命令即可。

如果单击主窗口工具栏的"新对象"按钮 右侧的下箭头，从下拉菜单项中选择"自动报表"命令，则系统直接创建出以"学生基本信息"表为数据源的纵栏式报表。

5.5.2　使用报表向导

在使用报表向导创建报表的过程中，每一步系统都会有提示来指导操作进行，从而帮助设计者完成所有报表创建的基本工作。

报表向导启动后，首先要选择数据源的"表/查询"列表字段，选择要查询的表。然后利用四个箭头按钮对"可用字段"的列表字段与"选定的字段"的列表字段进行调整，最后确定"选定的字段"中的列表字段内容。

单击"下一步"按钮，进入第二个向导窗口。

在打开的后续向导窗口中，按照提示要完成分组级别选择、排序次序选择、报表布局和方向选择及所用外观样式并确定报表标题，最后命名保存报表对象。

5.5.3　在设计视图中创建报表

要使报表设计更具有个性化，可以使用设计视图来创建报表。

1. 设计视图及工具箱

在如图 5-14 所示的"新建报表"对话框中选择"设计视图"选项，或在报表对象列表窗口中直接双击"在设计视图中创建报表"命令，打开报表的设计视图。

同时打开的还有报表设计工具箱，通过它可以在设计视图网格区域添加各种控件，完成报表的数据输出功能。

报表设计窗口打开时，默认有"主体""页面页眉""页面页脚"三个区域。实际上，可以单击鼠标右键，在弹出的快捷菜单中，分别选择"报表页眉/页脚"命令，则设计窗口又会打开两个区域，分别是报表页眉和报表页脚，这样就构成一般报表设计的五个基本操作区域。

如果报表设计中安排分组操作，则其操作区域会增加相应的"组页眉"和"组页脚"区。

与窗体设计相同，报表的数据输出功能也是通过添加并设置控件来实现的，而且报表设计使用的控件类型及功能与窗体控件完全相同，相关内容可参阅前面对窗体工具箱的介绍。

这里再次强调报表设计中绑定控件的使用。绑定控件是指可以在报表中显示字段数据的一类控件，如文本框（常作为"文本""数字""货币""日期""备注"类型字段数据的显示）、复选框（常作为"是/否"类型字段数据的显示）和绑定对象框（常作为"OLE 对象"类型字段数据的显示）等。

2. 属性窗口

要对报表以及报表上控件的外观、数据等进行操作属性设置时，就需要打开 Access 的报表属性窗口。通过直接单击主窗口上的"属性"按钮图，或单击鼠标右键，在弹出的快捷菜单中，选择"属性"命令，均能打开属性窗口。

3. 设计视图创建报表

设计视图创建报表主要有以下几个步骤。

（1）创建一个空白报表

根据需要打开"报表页眉/页脚"区域。

（2）添加控件

按照设计规划，向空白报表的几个区域内添加需要的控件。这里需要注意的是，纵栏式报表和表格式报表的控件布局是不同的，纵栏式报表显示字段标题的标签控件和显示字段数据的绑定控件均被布置在报表的"主体"区；表格式报表显示字段标题的标签控件是布置在报表的"页面页眉"区的，显示字段数据的绑定控件则被布置在"主体"区。

（3）设置数据源

报表设计还要进行报表数据源的设定。与窗体设计一样，也要完成两次"挂接"操作。

1）第一次"挂接"是实现报表与表或查询的关联，此项操作可以在空白报表中进行，需要在"报表属性"对话框中，选择"数据"选项卡，在"记录源"列表中设置属性。

2）第二次"挂接"是实现控件与字段的关联，此项操作必须在绑定控件添加到报表上，并且第一次"挂接"操作完成的情况下进行，需要在"控件属性"对话框中，选择"数据"选项卡，在"控件来源"列表中设置属性。

> **注　意**
>
> 不同类型字段数据，应当选择合适的绑定控件去"挂接"和输出。

（4）设置报表及控件属性

通过设定属性窗口，可以控制报表及控件的外观和行为。

（5）分组操作

报表设计可以安排分组及分组后的统计操作。在添加完控件并设置数据源属性后，单击主窗口的"排序与分组"按钮，或单击鼠标右键，在弹出的快捷菜单中，选择"排序与分组"命令，打开"排序与分组"对话框，如图 5-15 所示。

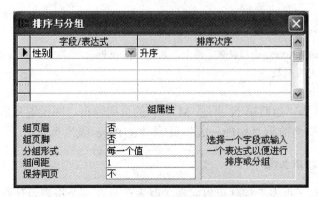

图 5-15　"排序与分组"对话框

在打开的对话框中的"字段/表达式"列内，先选定一个字段或构造一个表达式作为排序和分组的依据，这里选择数据源"学生基本信息"表的"性别"字段。然后在"排序次序"列选择排序类型（升序或降序），此时就规定了报表输出时以该字段的排序形式排列数据。

"排序与分组"对话框的"组属性"部分用于进行字段的分组设置。其中的"组页眉"和"组页脚"属性默认值为"否"，如果设置为"是"，则在设计窗口中分别打开对应的字段"组页眉"区和"组页脚"区；"分组形式"属性选项规定了不同类型字段的分组原则。这样，可以选择在字段的"组页眉"区或"组页脚"区添加绑定控件，并设置其"控件来源"属性为统计计算表达式，即完成分组及分组统计操作。

此外，在"排序与分组"对话框中，根据需要还可以设置第二、第三等排序或分组字段。这时，数据排列或分组首先按照第一排序或分组字段进行，然后再考虑第二、第三等排序或分组字段。

（6）命名保存

设计好的报表可以进行命名保存。保存后报表对象以图标 ▓ 列表显示。

4. 设计计算控件

报表设计中，绑定控件输出要设置控件的"控件来源"。一般情况下是直接从选项字段列表中选择显示字段来设定。但也可以将控件的"控件来源"属性设置为一个等号"="开始的计算表达式，这样就构成了计算控件。

实际上，计算控件被广泛应用于报表设计中，如报表的分组汇总或总的汇总输出、页码的输出等都是通过添加绑定的文本框控件并设置合适的"控件来源"属性来实现的。

（1）设计汇总计算

只需要设计含统计函数的计算控件即可。在报表统计输出中常使用的统计函数有Sum（求和）、Avg（求平均值）和 Count（计数）。

（2）设计页码输出

报表的页码输出除可以通过执行"插入 | 页码"命令外，还可以通过在报表的"页面页眉"区（页码在顶端输出）或"页面页脚"区（页码在底端输出）内设计计算控件来实现。

> **注 意** ◁»)）
>
> 关于页码输出，Access 专门提供了两个函数，Page 和 Pages。其中 Page 用于返回当前页码，Pages 用于返回总的页码数。

如要实现格式为"当前第 N 页/总 M 页"的页码输出，则设置显示文本框的"控件来源"属性为"="当前第"&[Page]&"页/总"&[Pages]&"页即可。

5. 含子报表的报表设计

使用"子窗体/子报表"控件可以实现关联信息在一个报表设计画面上的输出。

6. 修改报表设计

报表完成一般设计后，还要进行一些设计修正和内容补充。

（1）控件大小、位置及对齐方式调整

在报表的设计过程中，将所需控件添加到报表区域后，还经常需要调整控件的大小、位置及对齐方式，以获得良好的输出效果。

需要说明的是，报表中控件的大小、位置及对齐方式的调整方法与窗体控件完全相同。

（2）补充报表设计

Access 的报表设计除添加控件完成相应输出内容外，还经常使用"直线"控件和"矩形"控件来丰富报表设计。例如，设计带有表格线的报表输出，就要使用这两类控件才能达到要求的效果。

5.5.4　打印报表

设计好的报表可以通过预览显示页面的版面内容，以快速查看报表的页面布局。而且，通过查看预览报表的每页内容，能够检验报表数据及其输出格式是否满足要求。

在预览报表确认无误的情况下，可以将设计报表送往选定的打印设备进行打印输出。

（1）预览报表

通过"打印预览"功能可以快速检查报表的页面布局。

（2）打印报表

第一次打印报表之前，还需要检查页边距、页方向和其他页面设置的选项。当确定一切设置都符合要求后，按以下步骤打印报表。

1）在报表对象列表中选择目标报表对象或进入其视图状态（"设计视图"和"打印预览"）。

2）执行"文件 | 打印"命令，或单击工具栏上的"打印"按钮，打开"打印"对话框。

3）在"打印"对话框中进行设置。在"名称"下拉列表框中选择打印机的型号，在"打印范围"文本框中指定打印所有页或者确定打印页的范围，在"份数"选项区域指定打印的份数或是否需要对其进行分页。最后，单击"确定"按钮实施打印操作。

第6章 常用工具软件

6.1 压缩软件 WinRAR

压缩软件是为了使文件变得更小便于交流而诞生的。WinRAR 是在 Windows 的环境下对.rar 格式的文件（经 WinRAR 压缩形成的文件）进行管理和操作的一款压缩软件。这是一款相当不错的软件，可以和 WinZip（老牌解压缩软件）相媲美。在某些情况下，它的压缩率比 WinZip 还要大。WinRAR 的一大特点是支持很多压缩格式,除了.rar 和.zip 格式（经 WinZip 压缩形成）的文件外，WinRAR 还可以为许多其他格式的文件解压缩，同时，使用这个软件也可以创建自解压可执行文件。

下面介绍目前常用的 WinRAR 5.31 简体中文版。

6.1.1 WinRAR 的下载和安装

1）从许多网站都可以下载这个软件。

2）双击下载后的压缩包，就会出现如图 6-1 所示的界面。

图 6-1　安装 WinRAR 5.31 的对话框

在图 6-1 中单击“浏览”按钮，选择好安装路径后，单击“安装”按钮就可以开始安装了。然后会出现如图 6-2 所示的对话框。

图 6-2 所示分为三个部分，左侧的“WinRAR 关联文件”栏是为下面格式的文件创建联系，如果经常使用 WinRAR，可以与所有格式的文件创建联系。如果是偶然使用 WinRAR，可以酌情选择。右侧的“界面”栏是选择 WinRAR 在 Windows 中的位置。“外壳整合设置”栏是在右键菜单等处创建快捷方式。单击“确定”按钮，在弹出的对话框中单击“完成”按钮即可完成安装。

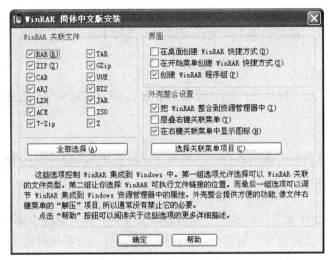

图 6-2　设置关联等

6.1.2　使用 WinRAR 快速压缩和解压

WinRAR 支持在右键菜单中快速压缩和解压文件，其操作十分简单。

1. 快速压缩

当用鼠标右击要压缩的文件或文件夹时，例如，右击文件"教学软件"，在出现的快捷菜单中有如图 6-3 所示的部分。

选择"添加到压缩文件"命令，出现如图 6-4 所示的对话框。在该对话框中，选择要压缩的文件名和参数后，单击"确定"按钮即可完成压缩工作。

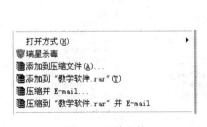

图 6-3　压缩文件

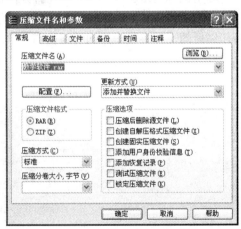

图 6-4　"压缩文件名和参数"对话框

下面要进行的主要设置都在"常规"选项卡中，简单介绍如下所述。

（1）压缩文件名

通过单击"浏览"按钮，可以选择生成的压缩文件保存在磁盘上的具体位置和名称。

（2）配置

这里的"配置"是指根据不同的压缩要求，选择不同压缩模式，不同的模式会提供不同的配置方式。

（3）压缩文件格式

选择生成的压缩文件是.rar 格式（经 WinRAR 压缩形成的文件）或.zip 格式（经 WinZip 压缩形成的文件）。

（4）更新方式

这是关于文件更新方面的内容，一般用于以前曾压缩过的文件，现在由于更新等原因需要再压缩时进行的选项。

（5）压缩选项

"压缩选项"组中最常用的是"压缩后删除原文件"和"创建自解压格式压缩文件"两个复选项。前者是在建立压缩文件后删除原来的文件；后者是创建一个 EXE 可执行文件，以后解压缩时，可以脱离 WinRAR 软件自行解压缩。

（6）压缩方式

在"压缩方式"下拉列表中的选项是对压缩的比例和压缩的速度进行选择，由上到下的选择，其压缩比例越来越大，而速度越来越慢。

（7）压缩分卷大小

当压缩后的大文件需要分成几个压缩文件存放时，就要选择压缩包分卷的大小。

（8）档案文件的密码设置

具体操作将在 6.1.4 节中介绍。

2. 快速解压

当用鼠标右击压缩文件后，在打开的快捷菜单中有如图 6-5 所示的命令。

选择"解压文件"命令后出现图 6-6 所示的对话框。在"目标路径"下拉列表中选择解压缩后的文件将被安排到的路径和名称。单击"确定"按钮就可以解压了。

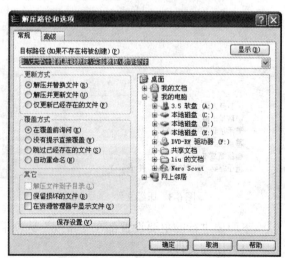

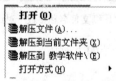

图 6-5　解压文件　　　　　　　　图 6-6　"解压路径和选项"对话框

6.1.3　WinRAR 的主界面

下面对 WinRAR 主界面中的每个按钮进行说明。

单击 WinRAR 的图标后出现如图 6-7 所示的主界面。

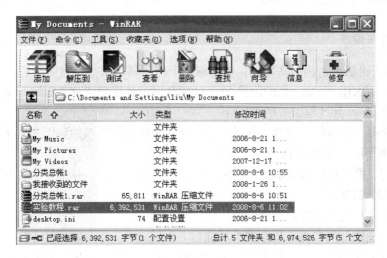

图 6-7　WinRAR 主界面

"添加"按钮是人们已经熟悉的压缩按钮，当单击它时就会出现前面已经解释过的如图 6-4 所示的对话框。

当在下面的窗口中选好一个具体的文件后，单击"查看"按钮就会显示文件中的内容代码等。

"删除"按钮的功能是删除所选定的文件。

"修复"按钮是用于修复受损压缩文件的。

"解压到"按钮是将文件解压，单击它后出现的界面就是在前面解释过的如图 6-6 所示的对话框。

"测试"按钮是允许对选定的文件进行测试，它会报告是否有错误等测试结果。

当在 WinRAR 的主界面中双击打开一个压缩包时，如双击"实验教程.rar"，又会出现几个新的按钮，如图 6-8 所示。

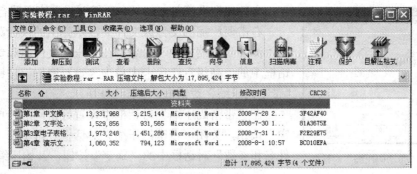

图 6-8　文件浏览

其中，"自解压格式"按钮将压缩文件转化为自解压可执行文件，"保护"按钮可防止压缩包受损害，"注释"按钮对压缩文件作一定的说明，"信息"按钮显示压缩文件的一些信息。

6.1.4　WinRAR 的一些使用技巧

1. 分卷压缩

如果要在论坛里上传一些附件，但论坛对上传附件的大小是有限制的，假设上传的附件要小于512KB，而要上传的附件大于512KB时，就用到了分卷压缩，而不必再使用专用的分割软件。其过程如下所述。

1）右击要分卷压缩的文件，从弹出的快捷菜单中选择"添加到压缩文件"命令，打开如图6-4所示的"压缩文件夹名和参数"对话框。

2）在对话框中设置压缩分卷的大小，以字节为单位。例如，压缩分卷大小为500KB，则1024B×500=512000B。

3）单击"确定"按钮，开始分卷压缩。

4）分卷压缩后的文件，以数字为后缀名。

5）下载完这些分卷压缩包以后，把它们放到同一个文件夹里，双击后缀名中数字最小的压缩包解压，WinRAR 就会自动解出所有分卷压缩包中的内容，并把它合并成一个文件。

2. 隐藏文件的克星

一般情况下，某些重要的系统文件和隐藏属性的文件是不可见的，要查看它们，必须在"文件夹选项"窗口的"查看"选项卡中把"显示所有文件和文件夹"选中。做完工作以后，为了安全还要改回"不显示隐藏的文件和文件夹"。

这样很麻烦，有了 WinRAR 以后，就不用这样做了。启动 WinRAR，在地址栏中选择文件所在的目录，这个目录下所有的文件将一览无余。例如，C 盘下 boot.ini 文件一般是看不到的，但在 WinRAR 中却无处藏身。

3. 文件加密

图6-9　"带密码压缩"对话框

文件加密很简单，就是在压缩时设置密码就行了。

右击要压缩的文件或文件夹，从弹出的快捷菜单中选择"添加到压缩文件"命令，在"压缩文件名和参数"对话框中的"高级"选项卡中单击"设置密码"按钮。打开"带密码压缩"对话框，如图6-9所示。

在"带密码压缩"对话框中设置好密码后，单击"确定"按钮，关闭"带密码压缩"对话框。再单击"压缩文件名和参数"对话框中的"确定"按钮，开始压缩。

6.2　图像操作软件 ACDSee

图像操作软件 ACDSee 是目前常用的看图工具之一。该软件具有操作简单、显示图像速度快和支持的图像格式多等优点，广泛应用于图片的获取、管理、浏览和优化。它还内置了音频播放器，能处理如 MPEG 之类常用的视频文件。另外，该软件还具有简单的编辑功能，如处理数字影像、去除红眼、剪切图像、锐化、浮雕特效、曝光调整、旋转、镜像等。

ACDSee 几乎支持 Windows 平台下所有的图像格式，并且程序还提供了对多种压缩包文件的查看支持。

下面介绍 ACDSee 的使用方法。

6.2.1　浏览图片

ACDSee 提供了浏览图片的功能，其操作步骤如下所述。

1）启动 ACDSee，在主程序界面左边的系统文件列表窗口中，选择要显示的图像文件所在的文件夹，此时程序会自动扫描该路径下的图像文件，并显示在主程序窗口右侧。如果该磁盘文件夹下还有子文件夹，则同图片一起显示，如图 6-10 所示。

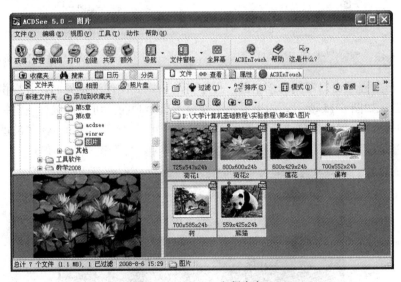

图 6-10　ACDSee 主程序窗口

2）ACDSee 通过如图 6-10 所示的三个功能按钮（见图 6-11）提供了多种组合显示图像的功能，这样非常有利于检索、定位需要的图像。"过滤"按钮是类别过滤器，其下拉菜单如图 6-12 所示，其功能是按照选定的一项或多项类别在主程序右侧窗口显示相应的文件。"排序"是排序方式按钮，其下拉菜单中列举了多种排序方式，如按照文件名称、大小、类型、日期等进行排序，如图 6-13 所示。"模式"是显示方式按钮，其下拉菜单如图 6-14 所示。默认情况下，系统以缩略图的方式显示，即在程序的右侧窗口显示缩略图。

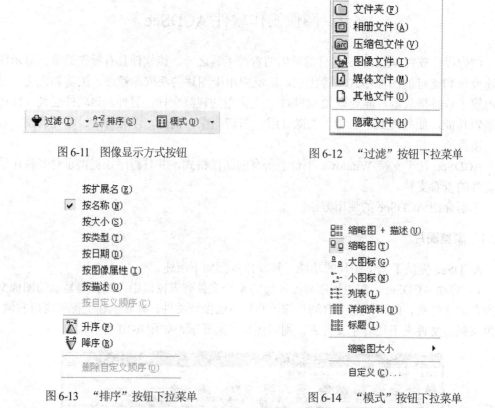

图 6-11　图像显示方式按钮　　　　　　图 6-12　"过滤"按钮下拉菜单

图 6-13　"排序"按钮下拉菜单　　　　　　图 6-14　"模式"按钮下拉菜单

3）双击主程序窗口右侧的缩略图，程序自动切换到图像浏览界面，并提供图像文件的显示功能，如图 6-15 所示。如果屏幕不能显示整个画面，可按住鼠标左键拖动图像进行上下左右移动，如果需要进行图像的缩放操作，可单击程序界面按钮条的图像放大按钮或图像缩小按钮即可，或者使用小键盘区的"+"或"-"键控制。

图 6-15　图像查看窗口

4）如果需要在图像查看窗口显示指定目录下的所有图像文件，可使用工具栏上的

"上一张"和"下一张"按钮向前或向后查询显示，也可使用编辑区的 Page Down 和 Page Up 键，程序会自动扫描路径下其可支持的图像文件并自动显示。如需自动翻页显示，可单击"幻灯片演示"按钮。显示完成后，单击界面按钮条中的"浏览"按钮或者是按 Enter 键即切换回当前主程序窗口。

6.2.2　文件管理功能

ACDSee 的文件管理功能主要有剪切、复制、移动、删除文件和更改文件名等功能。

1）剪切、复制、移动、删除文件的功能。在主程序右侧窗口中右击要操作的文件，在弹出的快捷菜单中选择相应的菜单项即可实现这些功能。

2）批量更改文件名称的功能。在主程序右侧窗口选中要改名的多个文件，执行"编辑 | 批量重命名"命令，弹出"批量重命名"对话框，如图 6-16 所示。本例是将六个不连续、无规律的文件名改为六个连续、有规律的文件名。具体设置是：在"开始于"后的微调按钮框中输入 1，在"模板"下拉列表框中输入"图片##"，则在底部的预览窗口中可以看到文件更名后的结果。

图 6-16　"批量重命名"对话框

6.2.3　屏幕捕捉功能

在一般情况下，可以使用 Print Screen 键进行屏幕复制工作，但它实现的功能比较单一，对于复杂的操作可以利用 ACDSee 来完成。其操作步骤如下所述。

1）执行"文件 | 获得图像 | 屏幕捕获"命令（或单击主程序窗口左上方的"获得"大图标，然后单击"屏幕"按钮），弹出如图 6-17 所示的"屏幕捕获"对话框。

2）根据需要在"来源"区选择屏幕捕捉的范围，如果想在捕捉的图像中显示出鼠标指针，将窗口底部的"包含鼠标指针"选项选中。

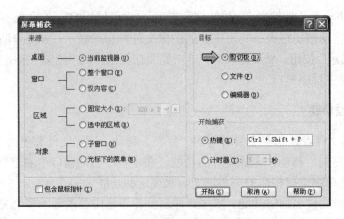

图6-17　"屏幕捕获"对话框

3）在"目标"选项区域设置将捕捉到的屏幕图像文件保存到何处。如果选择"剪贴板"，则 ACDSee 会将捕捉到的屏幕图像保存到剪贴板中。

4）用户可在"热键"处修改屏幕捕捉热键设置。完成设置后，单击"开始"按钮退出。

5）当需要进行屏幕捕捉工作时，按下屏幕捕捉热键就可完成屏幕捕捉工作。

另外，对于 ACDSee 5.0 的其他功能可通过单击菜单栏中的"帮助"下拉菜单来查阅相关的说明。

6.3　杀毒软件瑞星

瑞星杀毒软件是专门预防和查杀计算机系统病毒的工具之一。该软件识别病毒是根据已有的病毒特征库来分析，所以无论哪一种病毒防护软件，升级更新病毒库都是很重要的。本节将介绍最常用的瑞星杀毒软件的使用方法。

瑞星公司是目前国内最大的提供全系列反病毒及信息安全产品的专业厂商之一，瑞星杀毒软件是目前国内外同类产品中非常具有实用价值和安全保障的产品之一，下面简单介绍瑞星杀毒软件 2007 的特点及使用。

6.3.1　主要特点与功能

1. 瑞星 2007 的主要特点

1）第八代虚拟机脱壳引擎（VUE）。瑞星 2007 所配置的，正是其自主研发的第八代杀毒引擎，最大亮点就是能够通过"虚拟机"方式解决加壳病毒的查杀问题。

2）"碎甲"技术击溃 Rootkits，彻底清除顽固病毒。Rootkits 也是目前非常流行的一种病毒编写技术，它相当于一层"铠甲"，能够将病毒自身和指定的文件保护起来，防止其他软件对其进行修改或删除。因此，如果不将这层"铠甲"去掉，任何杀毒软件都将无法彻底地将其清除。

3）开机扫描功能：能够在 Windows 系统还未启动之前，就对系统展开清查。

4）桌面文件粉碎功能。

5）查杀毒速度提升 30%，资源占用率也比以前更低。

2. 瑞星 2007 的主要功能

瑞星 2007 的主要功能是用于对病毒、黑客等的查找、清除以及实时监控，可恢复被病毒感染的文件或系统，维护计算机系统的安全。该软件能够全面清除感染 DOS、Windows 等系统的病毒和危害计算机安全的各种"黑客"程序，并且能够有效地防止未知病毒对系统的入侵。在技术支持方面，瑞星 2007 支持在线智能升级服务，只要计算机与 Internet 相连接，系统就会自动监测新版本的升级程序并完成升级工作。

6.3.2　使用方法

在计算机中安装瑞星杀毒软件 2007 后，执行"开始｜程序｜瑞星杀毒软件｜瑞星杀毒软件"命令或者直接双击快捷方式图标 ，均可打开该软件。打开后的主界面如图 6-18 所示。

图 6-18　"瑞星杀毒软件"主界面

下面介绍几种常用的杀毒方法。

1. 以默认方式查杀病毒

操作步骤如下所述。

1）在如图 6-18 所示的主界面中单击"杀毒"选项卡，如图 6-19 所示。

2）在窗口左侧"对象"的"杀毒目标"中，显示了待查杀病毒的目标，默认状态下，所有硬盘驱动器、内存和引导区都为选中状态。

3）单击"杀毒"选项卡上的"开始杀毒"按钮，即开始扫描所选目标。在扫描过程中，可随时单击"停止杀毒"按钮停止当前操作。对扫描中发现的病毒、病毒文件的文件名、所在文件夹、病毒名称和状态都将显示在病毒列表窗口中。杀毒结束后，程序会弹出"杀毒结束"对话框，给出本次杀毒的结果。

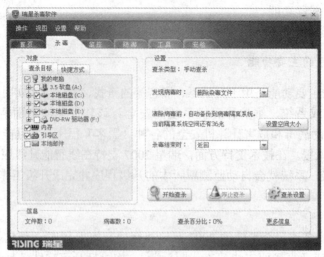

图6-19　"杀毒"选项卡

2. 对外来陌生文件快速启用右键查杀

当遇到外来陌生文件时，为避免外来病毒的入侵，可以快速启用右键查杀功能，方法是：用鼠标右键单击外来文件，在弹出的右键菜单中选择"瑞星杀毒"选项，即可启动瑞星杀毒软件专门对此文件进行查毒。

3. 指定文件类型进行查杀病毒

在默认设置下，瑞星杀毒软件是对所有文件进行查杀病毒的。为了节省时间，可以有针对性地指定文件类型进行查杀病毒，可在如图6-19所示的"杀毒"选项卡中，单击"查杀设置"按钮，在打开的"详细设置"对话框中选择"查杀文件类型"选项卡，如图6-20所示。

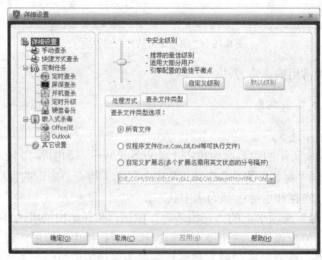

图6-20　"详细设置"对话框

在"查杀文件类型选项"中指定文件类型，单击"确定"按钮，即可对指定文件类型的文件进行查杀病毒了。其中，文件类型有如下选项。

所有文件：选择后将扫描任何格式的文件，此时扫描范围最全面，但扫描时间花费最多。

仅程序文件：选择后将只扫描可执行程序文件（exe、com、dll、eml 等），此时扫描具有一定针对性，可节省部分扫描时间。

自定义扩展名：选择后可在提供的输入栏中输入文件扩展名，瑞星杀毒软件即可对在文件名中以此类文件扩展名结尾的文件进行杀毒；或在下拉菜单中选择系统提供的类型中选择以某类文件扩展名结尾的文件进行杀毒。按扩展名扫描同样具有一定针对性，可节省部分扫描时间。

4. 定时杀毒

在如图 6-20 所示的"详细设置"对话框中，选择左侧的"定制任务"中的"定时查杀"选项，然后选择右侧的"查杀频率"选项卡，如图 6-21 所示。

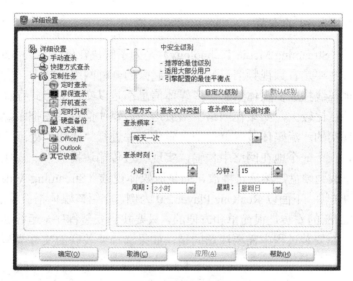

图6-21　设置定时查杀

在"查杀频率"下拉菜单中选择查杀频率，可以根据需要选择不同的扫描频率。在"查杀时刻"设置查杀的时刻，当系统时钟到达所设定的时间，瑞星杀毒软件会自动运行，开始扫描预先指定的磁盘或文件夹，查毒界面会自动弹出显示，用户可以随时查阅查毒的情况。

5. 使用病毒监控功能

病毒监测功能是瑞星 2007 安装到系统后自动设置的，在 Windows 任务栏右端有一个小图标，此时说明系统处于病毒监测状态。如果用户在 U 盘上复制有毒文件、收发有毒电子邮件或在局域网内访问有毒主机时，监测程序会立刻将文件病毒清除或给出警告，要求用户处理，并在最后给出清除结果。如果不能清除染毒文件（例如，局域网内的某台无删除访问权限的主机），也会给出一个提示，同时禁止对该文件进行存取或复制等操作。

　　禁止或启用病毒监测功能的操作可直接用鼠标右键单击任务栏小图标■，在弹出的快捷菜单中，用户可根据实际情况打开或关闭相应的监测项目。

6.4　流媒体播放软件 RealOne Player

　　随着 Internet 的快速发展和计算机速度的不断提高，人们对网络的应用已经不再局限于浏览网页等应用了，在网上收看电视、电影和收听广播、音乐等娱乐活动已经成为网络时代的新时尚。RealOne Player 是由 RealNetworks 公司推出的新一代音频和视频综合播放系统，用以取代该公司三种主打产品，即 RealPlayer、RealJukebox 和 GoldPass。RealOne Player 是目前非常流行的网上收听、收看在线音频和视频的工具。RealOne Player 支持多种视频和音频格式，包括 rmvb/rm/ra、wmv/wma、mov/qt、au、mp3、wav、avi 等，几乎常见的所有的音频、视频格式都支持，可以播放网络流媒体，是最流行的播放软件之一。

6.4.1　RealOne Player 的安装

　　流媒体技术（Streaming Media Technology）是为了解决在低带宽的 Internet 中实时传输多媒体信息（主要是音频视频信息）而发展起来的一种网络新技术，实现在低带宽的网络中高质量地在线播放多媒体信息。多媒体信息都是以文件的形式存放的，而这些文件所占的空间往往比较大，如果在网络中播放这些多媒体信息，先把多媒体文件下载下来再播放是不现实的。流媒体技术就是把多媒体文件进行"流化"处理，把它们分成许多小的信息包，一个一个地在网络中传输，实现"边传输边播放"。视频点播的概念不再是先把节目下载到硬盘，然后再播放，而是流媒体视频（Streaming Video），单击即可观看，边播放边传输。下面以 RealOne Player 2.0 为例，介绍该媒体播放器的安装与使用。

　　RealOne Player 的安装是很简单和方便的，只要找到安装程序，运行 Setup.exe，使用默认设置即可。在安装过程中需要注意的是，如果选择要关联的文件类型，建议用户全部选择。

6.4.2　RealOne Player 的使用

　　启动 RealOne Player，显示窗口分为两部分，上半部分是 RealOne Player 的播放器窗口，下半部分是一个多功能的媒体浏览器窗口，如图 6-22 所示。

　　1. 视频和音频文件的播放

　　用 RealOne Player 播放电影和歌曲是很方便的，根据安装时选择的关联文件类型，RealOne Player 会关联到相关的文件，然后这个文件的图标会显示◎图标，凡是文件的图标是这样的图标就可以用 RealOne Player 播放了。使用 RealOne Player 的最简单方法就是双击要播放的文件名称。

图 6-22　RealOne Player 播放器窗口

2．RealOne Player 中的媒体剪辑概念

RealOne Player 可以播放各种媒体类型，既包括 Internet 上的媒体，也包括在计算机上存储为本地文件的媒体（本地文件位于硬盘驱动器或本地网络驱动器上）。为了使媒体无论属于什么格式和处于哪个位置都能轻松管理，RealOne Player 会记住所有位置详细资料并将它们作为媒体剪辑列出。

媒体剪辑类似于快捷方式或书签。它包含可以访问媒体的相关信息，如标题、艺术字、格式、大小、位置等。存储或移动媒体剪辑时并不会移动与剪辑相关的文件，移动的只是剪辑信息。同样，删除剪辑、剪辑列表或播放列表时，删除的只是剪辑，而不是剪辑所标记的媒体文件。

由于媒体剪辑只是一些快捷方式，因此可以随意从 RealOne Player 媒体库中删除剪辑和播放列表，而不必担心损坏任何实际媒体文件。

3．用"我的媒体库"管理音像资源

RealOne Player 中的"我的媒体库"可以用来帮助用户对音频、视频和其他媒体（如网络上的流媒体以及存储在硬盘驱动器上的音频和视频文件）进行分类和管理。单击"我的媒体库"按钮就会在浏览器窗口显示媒体库的内容。媒体库把所有的媒体文件按照不同的属性分成若干类，用户可以把自己喜欢的多媒体文件加入其中。

4．欣赏网上影音资源

在线播放流媒体影音文件是 RealOne Player 的强项。它内置了大量网上电台，用户可以很方便地欣赏到丰富的网络影音音乐节目。在媒体播放器窗口下部，单击"电台"按钮，就能将窗口切换到电台窗口。该窗口可以访问 Web 网站，收听 RealOne Player 提供的网上电台，还可以直接在浏览器中单击在线电台的链接，进行在线收听。

6.4.3　RealOne Player 的设置和使用技巧

1．使 RealOne Player 启动变快的方法

虽然说 RealOne Player 的功能很强，但是 RealOne Player 的启动速度是很慢的。如果

按照下面的方法对它进行一些调整，问题基本可以解决。在 RealOne Player 的安装目录下的 Real 文件夹搜索 netid.smi 和 getmedia.ini 两个文件，然后将它们更名，如分别改为 nelid_bak.smi 和 getmedia_bak.ini。然后，启动 RealOne Player，启动速度明显要快些了。另外，如果不常使用 RealOne Player 媒体浏览器，则关闭它，对加速启动过程也有明显效果。其操作方法如下所述。

单击播放器窗口右上角地球旁边那个箭头，不选中"显示媒体浏览器"复选框，或者直接按 Ctrl+B 组合键，效果相同。这样启动 RealOne Player 的界面如图 6-23 所示。

图 6-23　简易流媒体播放界面

2. 使网上播放更加连贯的方法

在默认设置下，RealOne Player 每下载 30s 或 4MB 影音文件就开始播放，所以，遇到稍大的影视文件，播放一会儿，就要停一会儿。适当修改两处设置，可以使这种情况得到改善。其操作方法是：执行"工具 | 首选项"命令，选择"连接"下的"回放设置"，将"缓冲播放"下的 30s 改为 100s，甚至更长。其次，选择"内容"选项，单击"设置"按钮，打开"临时剪辑高速缓存设置"对话框，如图 6-24 所示。将缓存大小调到 40MB或者更大。这样，以后欣赏网上影音就更连贯了。

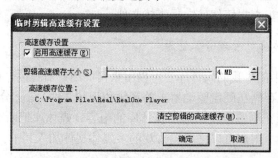

图 6-24　"临时剪辑高速缓存设置"对话框

第7章 实 验 内 容

实验 1 Windows XP 的基本操作

一、实验目的

通过本实验，掌握 Windows 的正确启动与关闭方法；了解 Windows 桌面工作环境及桌面上图标的操作；掌握窗口的组成及其操作；掌握桌面快捷方式的创建方法。

二、实验内容

1）Windows XP 的启动、非正常启动和关闭。
2）鼠标的基本操作。
3）Windows XP 的桌面组成及桌面上的图标操作。
4）窗口的组成及窗口操作。
5）创建桌面快捷方式。

三、实验步骤

1. Windows XP 的启动、非正常启动和关闭

（1）Windows XP 的启动

依次打开显示器和主机电源，计算机测试硬件没有问题后，开始启动操作系统。启动完成，显示器屏幕上显示 Windows XP 桌面，如图 7-1 所示。

图 7-1　Windows XP 桌面

（2）Windows XP 的非正常启动

在 Windows XP 系统运行的过程中，如果因为某些程序运行出错而导致键盘、鼠标操作无反应，或出现其他故障造成死机，可重新启动计算机。

方法一：同时按下 Ctrl、Alt、Delete 三键，弹出"Windows 任务管理器"对话框，如图 7-2 所示。选择"应用程序"选项卡，在"任务"列表中，选择出现故障的任务，并单击"结束任务"按钮，关闭所有选择的程序，然后再用其他方式重新启动。

方法二：按下主机面板上的复位按钮，可重新启动计算机系统。

方法三：如果上面两种方法都不能启动计算机时，只能按住主机电源开关按钮不放，直到断电，再按下电源开关重新启动。

（3）Windows XP 的退出

操作步骤如下。

1）保存所有应用程序中的处理结果，关闭所有运行着的应用程序。

2）单击任务栏上的"开始"按钮，单击"关闭计算机"选项，弹出"关闭 Windows"对话框，如图 7-3 所示，单击"关闭"按钮，关闭计算机。

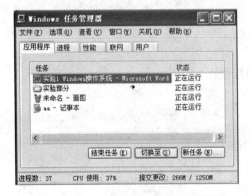

图 7-2　"Windows 任务管理器"对话框

图 7-3　"关闭计算机"对话框

单击"重新启动"按钮，将重新启动计算机；单击"待机"按钮，将使计算机处于待机状态以节省电能。单击"取消"按钮，则不退出 Windows 系统。

2. 鼠标的基本操作

鼠标的主要操作如下所述。

1）指向：将鼠标的光标移动到选定对象上，即出现说明功能的提示文本。

2）单击：移动鼠标的光标到对象上，单击左键。

3）右击：移动鼠标的光标到对象上，单击鼠标右键。

4）双击：将鼠标的光标指向某个对象，并快速连续按下两次鼠标左键。

5）拖动：将鼠标的光标移动到某个对象，按住鼠标左键或右键移动到目的地后松开。

3. Windows XP 的桌面组成及桌面上的图标操作

1）图标：代表文件或程序的小图形，通常排列于桌面的左侧，如"我的电脑"等。

2）"开始"按钮：通常位于桌面底端任务栏的最左边。

3）任务栏：通常位于桌面底端。

4）排列图标：在桌面空白处单击鼠标右键，弹出桌面的快捷菜单。将鼠标的光标指向"排列图标"命令，可选择排列方式。

5）删除图标：用鼠标右击要删除的图标，在弹出快捷菜单中选择"删除"命令。

4. 窗口的组成及窗口操作

在 Windows 中，启动一个应用程序或打开一个文件夹，就会在屏幕上打开一个窗口。

1）窗口的组成：打开 Word 文字处理程序，在显示的窗口中可以找到标题栏、菜单栏、工具栏、状态栏、用户工作区、滚动条、控制按钮等。

2）窗口标题栏的右侧有三个按钮："最小化""最大化""关闭"。

3）改变窗口大小：打开"我的电脑"窗口。将鼠标的光标移动到左（右）边框，当光标指针变为水平双箭头形状时，按住左键拖动鼠标，可改变窗口宽度。

同样将鼠标的光标移动到上（下）边框或窗口的任一角，拖动可改变窗口大小。

4）窗口移动：将鼠标的光标移到窗口的标题栏，按住左键拖动鼠标，移动到新的位置松开即可。

5）切换窗口：Windows XP 是一个多任务操作系统，用户可以同时打开多个应用程序。在任务栏处单击按钮图标，就可将相应的窗口切换为活动窗口，进行相应的工作。

使用 Alt、Tab 组合键切换窗口：按住 Alt 键，按一下 Tab 键，在弹出的对话框中就切换一个窗口名称，出现要找的窗口时，释放 Alt 键，该窗口成为当前窗口。

5. 创建桌面快捷方式

方法一：在桌面空白处单击鼠标右键，在弹出的快捷菜单中，执行"新建 | 快捷方式"命令，弹出"创建快捷方式"对话框，单击"浏览"按钮，选中需要创建快捷方式的文件或文件加后，单击"确定"按钮，再按提示一步一步地操作。

方法二：从"开始"菜单中的"程序"子菜单内，用已有的应用程序快捷方式创建桌面快捷图标。例如，单击"开始"菜单，执行"程序 | 附件 | 记事本"命令，右击鼠标，在弹出的快捷菜单中，执行"发送到 | 桌面快捷方式"命令，则桌面上就创建了"记事本"的快捷方式图标。

实验 2　Windows XP 资源管理器的应用

一、实验目的

1）了解资源管理器窗口的组成。

2）掌握在资源管理器中对文件和文件夹的管理。

3）熟悉外存储器的管理应用。

二、实验内容

1）资源管理器窗口的组成。

2）在资源管理器中进行文件和文件夹的管理。

3）外存储器的管理。

三、实验步骤

1. 资源管理器窗口的组成

1）打开资源管理器窗口的几种方法。

方法一：执行"开始 | 程序 | 附件 | Windows 资源管理器"命令。

方法二：用鼠标右键单击"开始"按钮，在弹出的快捷菜单中选择"资源管理器"选项。

方法三：在桌面上用鼠标右键单击"我的电脑"，在弹出的快捷菜单中选择"资源管理器"命令。

方法四：在"我的电脑"窗口中，单击工具栏上的"文件夹"按钮即可进入资源管理器。再次单击，返回到"我的电脑"窗口。

2）资源管理器窗口的组成。用方法四打开资源管理器，如图 7-4 所示。

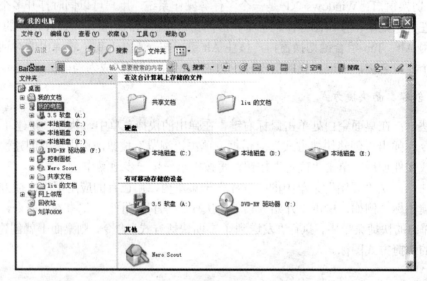

图 7-4　资源管理器窗口

在资源管理器的窗口中，包括了两个信息窗口，左窗口显示的是目录树状结构，根目录是桌面，下面包括本地资源和网络资源；右窗口显示了所选项目的详细内容。

3）在资源管理器窗口，查看一个磁盘或文件夹的内容，在左窗口中单击它的图标，右窗口即显示它的内容。

2. 在资源管理器中进行文件和文件夹的管理

（1）浏览、查找文件和文件夹

1）调整资源管理器左右窗口的大小：把鼠标的光标移到左、右窗口之间的分界线，变成水平双箭头后，按住左键，左右移动到合适的地方，松开左键即可。

2）设置文件和文件夹的显示方式：单击"查看"按钮，在下拉菜单中有"缩略图""平铺""图标""列表""详细信息"五个单选项，分别选用五种形式，观察右窗口内容的变化。

3）搜索文件或文件夹：单击资源管理器上方工具栏中的"搜索"按钮，在左窗口中出现提示信息，可根据提示进行搜索。

（2）新建文件和文件夹

打开资源管理器，首先在左窗口中选择文件夹的位置，然后用鼠标右键单击右窗口的空白处，在弹出的快捷菜单中，执行"新建 | 文件夹"（或某种文件类型）命令，然后将"新建文件夹"或文件重命名即可。

（3）选定文件和文件夹

1）单选：在资源管理器右窗口中，单击一个文件或文件夹，该对象反白显示，即被选中。

2）连续选：要选定连续的多个对象，可单击第一个对象，再按住 Shift 键，单击最后一个对象，选定的文件和文件夹全部反白显示。

3）间隔选：要选定不连续的若干个对象，可按住 Ctrl 键，再单击各个对象。

4）全选：右窗口所列的文件和文件夹全部需要选定，可执行"编辑全部选定"命令即可。

5）反选：若右窗口所列的文件和文件夹多数需要选定，则先选定不需要的部分，再执行"编辑 | 反向选择"命令即可。

（4）复制、移动、删除文件和文件夹

1）复制、移动文件：首先选定对象，接着或利用"编辑"下拉菜单，或用鼠标右键单击对象，弹出快捷菜单，单击"复制"或"剪切"命令；最后选定目的地（驱动器或文件夹），单击"编辑"下拉菜单的"粘贴"命令，或用鼠标右键单击目的地，在弹出的快捷菜单里单击"粘贴"命令即可。

在同一文件夹中复制的文件，其名都加上了"复件"两字。可对复制文件重命名。

2）删除文件和文件夹：选定对象后，可以用快捷菜单中"删除"命令，或用"文件"下拉菜单中的"删除"命令，还可以按 Delete 键删除。删除的文件将进入回收站，如果需要还可以还原。

如果不想让文件进入回收站，则可以按住 Shift 键，再进行删除操作。

（5）其他操作

1）设置文件或文件夹的属性：选定要设置属性的对象，用鼠标右键单击此对象，在弹出的快捷菜单中"属性"命令。在弹出的对话框中选择"常规"选项卡，在"属性"栏中有"只读""隐藏""存档"三个复选框，可选中或撤销选中。

在文件夹的"属性"对话框中，还有"共享"选项卡。选择"共享"选项卡，在同一网络上的其他计算机用户，就可以浏览、打开、复制此文件夹及其中的文件。

在各类文件的"属性"对话框中还有些不同的选项卡，可以多加观察。

2）显示或隐藏文件扩展名：执行"工具 | 文件夹选项"命令，在弹出的对话框中，单击"查看"选项卡，选择"隐藏已知文件类型的扩展名"选项，可隐藏文件的扩展名。

3）显示或隐藏具有隐藏属性的文件：执行"工具 | 文件夹选项"命令，在弹出的对

话框中，选择"查看"选项卡，选择"不显示隐藏的文件和文件夹"选项，可隐藏带有"隐藏"属性的文件和文件夹。

3. 外存储器的管理

外存储器有磁盘存储器、光盘存储器和可移动存储器。

（1）格式化磁盘

格式化磁盘的方式主要有以下几种。

1）用菜单命令格式化。打开"我的电脑"或资源管理器，选定要格式化的磁盘，执行"文件 | 格式化"命令，打开"格式化"对话框，选择符合的容量、文件系统、分配单元大小、卷标等内容后，单击"开始"按钮即可。

2）用快捷菜单格式化。打开"我的电脑"或资源管理器，右击要格式化的磁盘，在弹出的快捷菜单中选择"格式化"命令，打开"格式化"对话框，以下操作同"用菜单命令格式化"。

3）用 format 命令格式化磁盘。执行"开始 | 程序 | 附件 | 命令提示符"命令，打开"命令提示符"窗口。在提示符">"右面输入：format 盘符和参数，按 Enter 键即可。

（2）插入或拔下 U 盘

将 U 盘插入 USB 接口，可以在任务栏的右边看到图标，指向此图标，显示"安全删除硬件"，在"我的电脑"或资源管理器中可看到"可移动磁盘"图标，这就是 U 盘。

拔下 U 盘的方法是：单击任务栏右边的图标，弹出 "安全删除 USB Mass Storage Device"文本框。单击该文本框，又弹出"'USB Mass Storage Device'设备现在可安全地从系统移除"文本框，单击该文本框后，再将 U 盘拔出。

（3）回收站

从硬盘上删除文件时，Windows 将删除的文件放在回收站里。首先在桌面上建立"新建文件夹"，然后将其删除。打开"回收站"窗口，如图 7-5 所示。用鼠标右击目标，弹出快捷菜单，执行"删除"或"还原"命令就可实现文件的删除或恢复。

回收站属性设置：在桌面上用鼠标右击回收站图标，在弹出的快捷菜单中执行"属性"命令，打开"回收站属性"对话框，如图 7-6 所示。

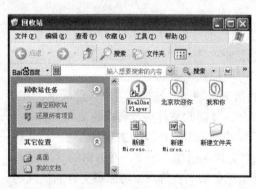

图 7-5　"回收站"窗口

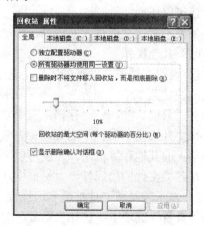

图 7-6　"回收站属性"对话框

在"全局"选项卡中选择"所有驱动器均使用同一设置"单选项，或选择"独立配置驱动器"单选项，观察其他几个选项卡有什么变化。

复选项"删除时不将文件移入回收站，而是彻底删除"一般禁用。

复选项"显示删除确认对话框"一般选用。

实验 3 Word 2003 的基本编辑操作

一、实验目的

1）熟悉 Word 的工作界面以及启动、关闭的方法。

2）掌握文档建立、保存和打开的方法。

3）掌握文档内容的基本编辑方法。

二、实验内容

1）Word 的启动和工作界面。

2）文档的建立、保存和打开。

3）文档内容的基本编辑。

三、实验步骤

1. Word 的启动和工作界面

（1）启动 Word 的常用方法

执行"开始 | 程序 | Microsoft Office | Microsoft Office Word 2003"命令，或双击桌面上 Word 程序快捷方式图标，打开 Word 程序窗口。

在资源管理器的某驱动器或某文件夹中，双击要打开的 Word 文档，Windows 首先打开 Word 程序，随即打开该文档。

（2）Word 窗口的组成与使用

启动 Word 字处理程序后，在显示的窗口中从上到下可以看到标题栏、菜单栏、工具栏、水平与垂直标尺、文档编辑区、垂直与水平滚动条、状态栏等。

Word 的菜单栏内有九个菜单项，上百个操作命令。在"视图"菜单中，有"普通""Web 版式""页面""大纲""阅读版式"五个视图命令，通常使用的就是"页面"视图。水平滚动条的左边有五个小图标，就是五种视图最简捷的切换按钮。

"视图"菜单中的"标尺""显示段落标记""网格线"是带有复选项的三个命令。

选择"视图"菜单的"工具栏"命令，右侧出现子菜单，有 20 多个工具栏名称列表，每个都带有复选项。

在 Word 程序窗口里，打开、关闭各工具栏最简捷的方法是用鼠标右键单击菜单栏或已有的工具栏，弹出快捷菜单，即可进行选择操作。

（3）关闭 Word 字处理软件

单击屏幕右上角"关闭"按钮，如果在此操作之前，已保存过文档，则直接关闭程序；否则弹出提示框，单击"否"按钮，不保存文档，直接关闭程序；单击"取消"按钮，则取消该命令，继续文档编辑；单击"是"按钮，弹出"另存为"对话框，执行保存文档操作后，关闭程序。

2. 文档的建立、保存和打开

（1）任务

建立一个如图 7-7 所示的新文档。

计算机分类

　　从计算机处理数据的方式可以分为数字计算机（Digital Computer）、模拟计算机（Analog Computer）和数模混合计算机（Hybrid Computer）3 类。

　　数字计算机处理的是非连续变化的数据，这些数据在时间上是离散的，输入的是数字量，输出的也是数字量，如职工编号、年龄、工资数据等。基本运算部件是数字逻辑电路，因此其运算精度高、通用性强。

　　模拟计算机处理和显示的是连续的物理量，所有数据用连续变化的模拟信号来表示，其基本运算部件是由运算放大器构成的各类运算电路。模拟信号在时间上是连续的，通常称为模拟量，如电压、电流、温度都是模拟量。一般说来，模拟计算机不如数字计算机精确、通用性不强，但解题速度快，主要用于过程控制和模拟仿真。

　　数模混合计算机兼有数字和模拟两种计算机的优点，既能接收、处理和输出模拟量，又能接收、处理和输出数字量。

图 7-7　原始"计算机分类"文档内容

（2）要求

文件位置：标题为居中，正文为两端对齐；文件字体：宋体；文件字号：标题用 4 号，正文用 5 号；标题段的段后间距：0.5 行；正文段落首行缩进两个字符；行间距：单倍行距；将文件保存在 D 盘的"学生作业"文件夹中。

（3）操作步骤

在资源管理器窗口，双击 D 盘，在 D 盘里创建"学生作业"文件夹。打开 Word 窗口，标题栏出现"文档 1-Microsoft Word"。文档编辑区，有"|"形光标在闪烁。单击屏幕右下角的"输入法"按钮，选择"输入法"列表框内的"微软拼音输入法"选项，文档编辑区的左下角出现"输入法"状态条。

输入标题"计算机分类"后，执行"文件 | 保存"命令，弹出"另存为"对话框，如图 7-8 所示。

在"保存位置"列表框，单击下三角按钮，单击 D 盘，双击"学生作业"文件夹。

在"文件名"下拉列表框，自动显示已经输入的标题"计算机分类"，也可以改为其他名字。

在"保存类型"下拉列表框，选择默认的"Word 文档"。

单击"保存"按钮，这样就创建了一个新文件，它被保存在选定的位置。

设置标题格式：选中标题"计算机分类"（操作方法是：移动光标到第一个汉字，按住左键，拖动到最后一个汉字，光标经过之处，反白显示）。

在"格式"工具栏中，单击"居中"按钮；单击"字体"下三角按钮，在下拉列表框中选择"宋体"选项；单击"字号"下三角按钮，在下拉列表框中选择"四号"选项。

在菜单栏中，执行"格式 | 格式 | 段落"命令，弹出"段落"对话框，如图 7-9 所示。在"间距"栏的"段后"数值框中，选择"0.5 行"，单击"确定"按钮，完成标题的格式设置。

图 7-8 "另存为"对话框

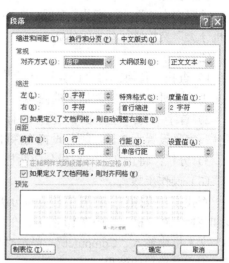

图 7-9 "段落"对话框

设置正文格式：按照前面那样操作，在"字号"下拉列表框中选"五号"选项。

在"段落"对话框中单击"缩进和间距"标签（见图 7-9），在"特殊格式"下拉列表中选"首行缩进"选项，在"度量值"数值框中选"2 字符"选项，在"行距"下拉列表中，选择"单倍行距"选项，在"对齐方式"下拉列表中，选择"两端对齐"选项。

输入正文：输入正文每段结束时，再按 Enter 键，另起一段。

关闭文档：文档输入完成后，执行"文件关闭"命令，在弹出的提示框中选择"是"选项。文档窗口在存档后关闭，文档编辑区一片灰色；Word 程序窗口只剩下标题栏、菜单栏。"常用"工具栏和"格式"工具栏也只剩下几个按钮可以使用了（其余按钮是灰色显示）。

打开文件：执行"文件 | 打开"命令。要打开的文件如果是刚刚保存过的，可以在"文件"菜单的下方直接找到"计算机分类"文档，单击此文档即可打开此文档。

（4）操作细节指导

打开计算机，默认英文为小写状态，按 Caps Lock 键，变为大写状态，再按一次又恢复为小写状态。个别字母要大写，按住 Shift 键，输入的字母为大写。

可以利用键盘快捷键切换输入法，同时按 Ctrl 和 Shift 键，可以切换各种输入法。选择适合自己的中文输入法后，同时按 Ctrl 和空格键，可以切换中、英文输入。使用"微软拼音输入法"时，按 Shift 键，就可以切换中、英文输入。

使用 Word 软件时，可同时打开几个文档时，可通过任务栏进行切换。

新建立的 Word 文档，要进行第一次保存，可单击"常用"工具栏上"保存"按钮，或执行"文件 | 保存"命令，都会弹出"另存为"对话框，回答提问后保存文件。以后，单击"保存"按钮，就直接执行命令。当需要改变存放位置、文件名、文件类型时，需要执行"文件 | 另存为"命令。

3. 文档内容的基本编辑

（1）任务

掌握文本的选定、查找、替换；首字下沉、分栏、边框和底纹的使用。按要求对"计算机分类"文档进行基本编辑。

（2）要求

1）查找、替换：将"计算机分类"文件中的所有"计算机"替换成"Computer"；恢复"计算机分类"文件原来的内容。

2）首字下沉：对正文第一段，进行首字下沉处理。下沉行数设置为2行，字体设置黑体，字号设置为2号，颜色设置为深红。

3）分栏：将正文二、三段分成两栏。

（3）操作步骤

查找、替换操作：打开"计算机分类"文档，执行"编辑｜替换"命令，弹出"查找和替换"对话框，如图7-10所示。在"查找内容"文本框中输入"计算机"，在"替换为"文本框中输入"Computer"，单击"全部替换"按钮，弹出提示框，单击"确定"按钮。观察替换后的结果。

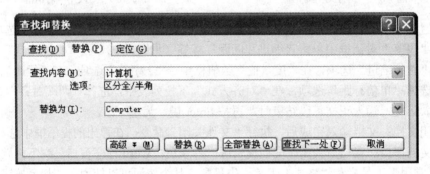

图7-10　"查找和替换"对话框

撤销、恢复操作：在"编辑"下拉菜单里，前两个命令是"撤销全部替换"和"重复键入"选项。同样，在"常用"工具栏里有"撤销"按钮，单击之，前面的"全部替换"命令被撤销了，文件恢复原状。

首字下沉：要取消第一段首行缩进，把光标定位在第一段的任意位置，执行"格式｜首字下沉"命令，弹出"首字下沉"对话框。在"位置"框中单击"下沉"按钮，在"字体"下拉列表中选择"黑体"选项，在"下沉行数"列表框中选择"2"选项，在"距正文"列表框中，选择"0厘米"选项，单击"确定"按钮。

分栏：选中正文第二、三、四段，执行"格式｜分栏"命令。在"预设"框中单击"两栏"，在"应用范围"框中选"所选文字"选项，选中"分割线"复选框，单击"确定"按钮。分栏处理后，"计算机分类"文档内容如图7-11所示。

选中下沉后的"从"字，在"格式"工具栏中，"字号"选择为"2号"字，"字体颜色"选择为"深红"色，经过以上处理后，"计算机分类"文档内容如图7-11所示。

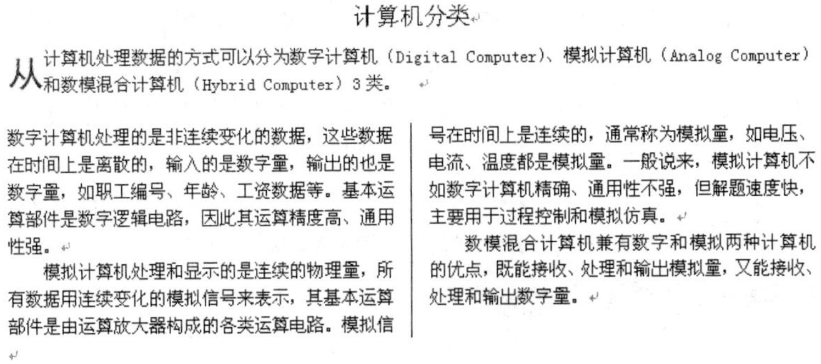

计算机分类

从 计算机处理数据的方式可以分为数字计算机（Digital Computer）、模拟计算机（Analog Computer）
和数模混合计算机（Hybrid Computer）3 类。

数字计算机处理的是非连续变化的数据，这些数据
在时间上是离散的，输入的是数字量，输出的也是
数字量，如职工编号、年龄、工资数据等。基本运
算部件是数字逻辑电路，因此其运算精度高、通用
性强。
　　模拟计算机处理和显示的是连续的物理量，所
有数据用连续变化的模拟信号来表示，其基本运算
部件是由运算放大器构成的各类运算电路。模拟信

号在时间上是连续的，通常称为模拟量，如电压、
电流、温度都是模拟量。一般说来，模拟计算机不
如数字计算机精确、通用性不强，但解题速度快，
主要用于过程控制和模拟仿真。
　　数模混合计算机兼有数字和模拟两种计算机
的优点，既能接收、处理和输出模拟量，又能接收、
处理和输出数字量。

图 7-11　分栏处理后"计算机分类"文档内容

复制、移动、删除：撤销"首字下沉"与"分栏"操作，"计算机分类"文档恢复原状。选中第一段，第一段被移动到新的位置。如果在拖动时，按住 Ctrl 键，第一段内容被复制到新位置。选中复制的第一段内容，按 Delete 键，复制的第一段内容被删除。

实验 4　Word 2003 非文本对象的插入与编辑

一、实验目的

1）掌握艺术字编排和图文混排的方法。
2）掌握绘制流程图的方法。

二、实验内容

1）插入艺术字和图片并进行编辑处理。
2）绘制流程图。

三、实验步骤

1．插入艺术字和图片并进行编辑处理

（1）任务
掌握艺术字的式样选定、文字编辑，了解其他编辑处理功能。掌握图片的选用方法和图文混排方法。按要求对"计算机分类"文件进行艺术字编排和图文混排。

（2）要求
设置艺术字：将标题"计算机分类"设置成艺术字，用艺术字库中的第二行、第三列的式样，字体用"宋体"，字号用"20"，加粗；插入图片：采用紧密环绕型方式在正文中插入图片。

（3）操作步骤
打开"计算机分类"文档，选中标题"计算机分类"，选择艺术字式样：执行"插入 | 图片 | 艺术字"命令，打开"艺术字库"对话框。选择第二行、第三列的式样，单击"确定"按钮，选择了艺术字式样并打开"编辑艺术字文字"对话框，如图 7-12 所示。

在该对话框中，字体选为"宋体"，字号选为"20"，单击"加粗"按钮 **B** 。在"文字"文本框中可改变文字。最后单击"确定"按钮，艺术字设置完成。

艺术字设置完成后，文档编辑区显示标题"计算机分类"，字的外围有 8 个尺寸控点。单击尺寸控点外部空白处，控点消失。需要编辑艺术字时，单击艺术字，控点出现，同时出现"艺术字"工具栏，如图 7-13 所示。拖动尺寸控点可以改变字的宽窄和高低。"艺术字"工具栏有 10 多个命令按钮，用于对艺术字进行编辑处理。

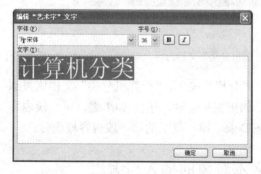

图 7-12　"编辑'艺术字'文字"对话框

图 7-13　"艺术字"工具栏

插入图片：执行"插入 | 图片 |剪贴画"命令，打开了"插入剪贴画"任务窗口。在"搜索文字"文本框中输入"计算机"，在"搜索范围"下拉列表中选"所有收藏集"选项，在"结果类型"下拉列表中只选"剪贴画"选项，单击"搜索"按钮，在出现的剪贴画中用鼠标右击所需要的剪贴画，在弹出的快捷菜单中选择"插入"命令，即可将剪贴画插入到文本中。单击插入的图片，尺寸控点出现，可以改变图片的大小。双击插入的图片，打开"设置图片格式"对话框，打开"版式"选项卡，如图 7-14 所示。在"环绕方式"中有五种方式可供选择。若单击"版式"选项卡中的"高级"按钮，可提供更多的选项。

2.　绘制流程图

（1）任务

掌握绘制流程图的基本方法。按照题目要求绘制微软拼音输入步骤流程图。

（2）要求

绘制微软拼音输入步骤流程图，如图 7-15 所示。

（3）操作步骤

下面利用"绘图"工具栏绘制流程图。

打开"绘图"工具栏：单击"视图 | 工具栏 | 绘图"按钮，打开"绘图"工具栏。在"绘图"工具栏上，单击"自选图形"按钮，弹出"模板"工具栏。指向"模板"工具栏上的"流程图"，弹出"流程图"图形选项框，如图 7-16 所示。

绘制图形和连接线：在"流程图"图形选项框里，单击"流程图：准备"选项，光标变成"+"字形，移动光标到文档编辑区适宜的位置，按下鼠标左键，拖动出尺寸适宜的"准备"图形。单击"绘图"工具栏上"箭头"按钮，移动光标到文档编辑区"准备"图形的下边线正中，按下鼠标拖动出单箭头方向线。单击"流程图：过程"选项，移动

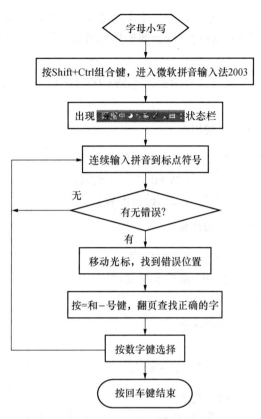

图 7-15 微软拼音输入步骤流程图

图 7-14 "设置图片格式"对话框

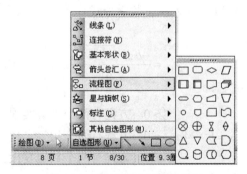

图 7-16 "流程图"图形选项框

光标到文档编辑区适宜的位置，按下鼠标拖动成"过程"图形。"准备"图形、单箭头方向线、"过程"图形。重复同样的操作，一步步把设计好的流程图画在文档编辑区。多数是"过程"图形，中间用到"决策"图形，最后使用一个"终止"图形。各种图形、连接线被单击，弹出控制点后，就可以进行移动、复制、删除、调整尺寸等操作。

添加文字：在文档编辑区，用鼠标右键单击图形内部，在弹出的快捷菜单中单击"添加文字"选项。图形内部光标闪烁，输入文字。图形的高度和长度不合适，则拖动它的尺寸控制点，调整到合适为止。

图形外部添加文字用文本框,单击"绘图"工具栏上"文本框"按钮,光标变成"+"字形,移动鼠标到图形外部准备添加文字的位置,按下鼠标,拖动出文本框,输入文字。

实验5 Word 2003 公式编辑器的使用和表格制作

一、实验目的

1)掌握数学公式的输入方法。
2)掌握 Word 表格处理的方法。
3)熟悉文档的页面设置。

二、实验内容

1)输入数学公式。
2)Word 的表格处理。
3)文档的页面设置。

三、实验步骤

1. 输入数学公式

(1)任务
利用"Microsoft 公式 3.0"输入数学公式;熟悉"公式"工具栏的符号与模板。
(2)要求
利用"Microsoft 公式 3.0"输入以下数学公式。
公式一:

$$x_{1,2} = \frac{-b \pm \sqrt{b^2 - 4ac}}{2a}$$

公式二:

$$\Delta = b^2 - 4ac \begin{cases} > 0, & \text{方程有两个不等实根} \\ = 0, & \text{方程有两个相等实根} \\ < 0, & \text{方程有两个共轭复根} \end{cases}$$

(3)操作步骤
1)公式一的输入:光标定位于要插入公式的位置,执行"插入 | 对象"命令,弹出"对象"对话框。在"新建"选项卡的下拉列表框里,找到"Microsoft 公式 3.0"选项,单击之,单击"确定"按钮(也可以直接双击)。弹出"公式"工具栏(又称公式编辑器),如图 7-17 所示。在光标所在的位置,弹出公式编辑框。

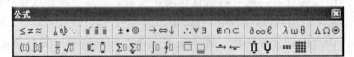

图 7-17 公式编辑器

在有光标闪烁的公式编辑框中输入 x，单击公式编辑器的"下标和上标模板"按钮，在弹出的选项框中，选择"下标"选项。在弹出的输入框中输入"1,2"，单击闪烁的光标上部，光标变高，输入"="，单击公式编辑器的"分式和根式模板"按钮，单击弹出的选项框中第一个分式选项，在分母输入框中输入"2a"，在分子输入框中输入"-b"，单击公式编辑器的"运算符号"按钮，选择第一项±，单击公式编辑器的"分式和根式模板"按钮，选择$\sqrt{}$，用类似的方法输入其他符号。公式输入完毕，单击"关闭"按钮，或单击公式编辑框外面的空白处，窗口关闭。

若要修改公式，可用鼠标双击公式，打开公式编辑器和公式编辑框，进行修改。

2）公式二的输入：用前面的方法打开公式编辑器和公式编辑框，在公式编辑器中单击"希腊字母（大写）"按钮，选择符号 Δ，其中"$= b^2 - 4ac$"的输入方法与前面介绍的类似。单击公式编辑器中的"围栏模板"按钮，选择符号 ，单击公式编辑器中的"矩阵模板"，选择符号 ，在"行"输入框中输入 3，在"列"输入框中输入 2，然后在公式的各输入框中输入符号和文字，即可完成公式二的编辑。

2. Word 的表格处理

（1）任务

掌握 Word 2003 窗口中的"表格"菜单与"表格和边框"工具栏，在文档中创建表格、编辑表格、格式化表格、对表格数据进行简单处理。

（2）要求

执行"表格 | 插入 | 表格"命令创建表格，并按照题目要求（如表 7-1 和表 7-2 所示）编辑表格、格式化表格、插入图片。

表 7-1　个人信息简表

姓　名		性　别		出生日期		
民族		文化程度		政治面貌		
婚否		身高		特长		
地址				邮政编码		
电话				E-mail		

表 7-2　家电销售比较表（单位：万元）

项目　　年份	2005	2006	2007
计算机	266.3	204.8	289.7
电冰箱	136.4	157.6	194.3
空调机	67.6	49.4	87.9
合计	470.3	411.8	571.9

（3）操作步骤

1）表 7-1 的绘制：执行"表格 | 插入 | 表格"命令，打开"插入表格"对话框，在"列数"文本框中输入 7，在"行数"文本框中输入 5。将光标指向表格的右下角，当出

现双箭头时，调整表格大小。

合并单元格：选中第 4 行的第 2、第 3 和第 4 个单元格，右击选中的单元格，在打开的快捷菜单中选择"合并单元格"选项，用类似的方法合并其他单元格。

输入文字：输入表 7-1 中的文字。

设置底纹：选中第一列，右击选中的单元格，在打开的快捷菜单中选择"边框和底纹"选项，单击"底纹"选项卡，在"底纹"选项卡中选择"灰色-30%"，用类似的方法给其他有文字的单元格加底纹。

插入图片：首先把光标移动到表格外的空白处，用插入图片或粘贴图片的方法把选中的图片显示在空白处，调整图片的尺寸，把图片拖动到表格中。

边框设计：用鼠标右击表格的左上角的田，在打开的快捷菜单中选择"边框和底纹"选项，单击"边框"选项卡，在"边框"选项卡中单击"自定义"按钮，在"宽度"下拉列表框中选择"1 ½ 磅"选项，单击右侧"预览"下方的外边框，再在"宽度"下拉列表框中选择"½ 磅"选项，单击右侧"预览"下方的内边框，单击"确定"按钮即可。

2）表 7-2 的绘制：用前面类似的方法可绘制表 7-2。其中单元格内的斜线，是使用"表格｜绘制表格"中的"笔"画出来的。也可先选中单元格，执行"格式｜边框和底纹"命令中的斜线画出。"年份"两字的左面是按空格键形成的，"年份"后面按 Enter 键，另起一行输入"项目"。最后一行"合计"中的数字是通过执行"表格｜公式"输入的，选择默认项即可。

3. 文档的页面设置

（1）任务

熟悉文档的页面设置、打印预览和打印操作。

（2）要求

从网上下载一篇 Word 文档进行页面设置、页眉和页脚设置；编辑书籍等长文档时，每章首页和奇偶页的页眉与页脚设置可以不同。

（3）操作步骤

进行页面设置：打开网上下载的文件，执行"文件｜页面设置"命令。在弹出的对话框中，单击"页边距"选项卡，在"页边距"选项卡内，设置上边距为 2.5 厘米，下边距为 2.5 厘米，左边距为 2 厘米，右边距为 2 厘米，"方向"为纵向，如图 7-18 所示。

选择"纸张"选项卡，在"纸张"下拉列表框内，设置"纸张大小"为 16 开。单击"板式"选项卡，在"板式"选项卡中设置"页眉"为 1.5 厘米，"页脚"为 1.75 厘米，单击"确定"按钮。

编辑页眉和页脚：执行"视图｜页眉和页脚"命令，文档的编辑区变为灰色显示，光标所在页的顶部出现"页眉"编辑框，同时屏幕上弹出"页眉和页脚"工具栏。设置字体为"仿宋体"，字号为"小五号"，对齐方式为"两端对齐"，在页眉编辑框的左端输入"教学研究"，在右端输入"实验"。

图 7-18 "页面设置"对话框

在"页眉和页脚"工具栏中，单击"在页眉和页脚间切换"按钮，进入"页脚"编辑框。将光标移动到页脚编辑框的右端，在"页眉和页脚"工具栏中，单击"插入页数"按钮，用以显示文件的总页数，再从键盘输入"-"。在"页眉和页脚"工具栏中，单击"插入页码"按钮，用以显示文件的当前页的页码。

编辑首页和奇偶页的页眉与页脚：编辑书籍时，每章的第 1 页和奇偶页页眉与页脚设置可以不同。首先把光标依次定位在各章开始，执行"插入 | 分隔符"命令。在"分隔符"对话框里，在"分节符类型"列表框中，选择"连续"选项，单击"确定"按钮。然后，依次在各章进行以下操作：执行"视图 | 页眉和页脚"命令，在"页眉和页脚"工具栏中，单击"页面设置"按钮，直接进入"页面设置"对话框的"版式"选项卡。在"页眉和页脚"选项框中单击"奇偶页不同"和"首页不同"选项，单击"确定"按钮。这时每章的第 1 页和奇偶页页眉与页脚编辑框都分别提示，可以进行不同的设置。

实验 6 Excel 工作表的创建和编辑

一、实验目的

1）掌握 Excel 工作表的创建和数据输入的方法。
2）掌握编辑工作表和格式化工作表的方法。
3）掌握 Excel 的数据运算以及使用公式、函数计算数据的方法。

二、实验内容

1）Excel 工作表的创建和数据输入。
2）编辑工作表和格式化工作表。

3）Excel 的数据运算。

三、实验步骤

1. Excel 工作表的创建和数据输入

（1）任务

掌握工作表的创建和数据输入（工作表的建立、更名、保存等基本操作；数据输入和数据格式、填充柄的使用、表格线的绘制）。

（2）要求

创建并保存"学生实验"工作簿、"数据输入"工作表；按照不同类型数据的格式要求，输入各种类型数据；灵活使用填充柄、绘制表格线，如图 7-19 所示。

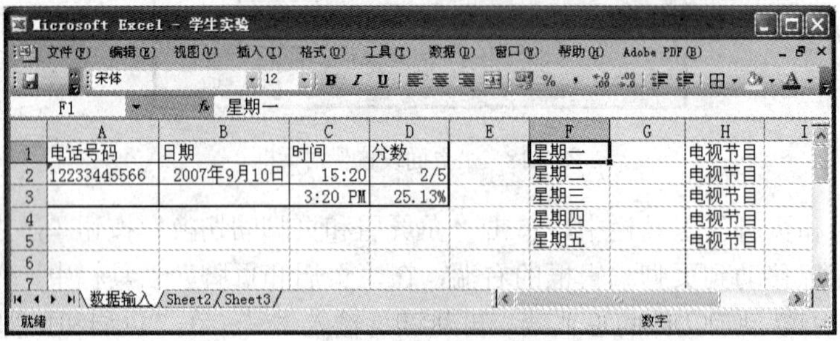

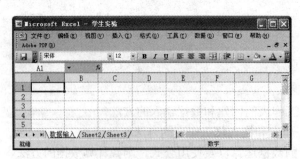

图 7-19　输入数据实验

（3）操作步骤

执行"开始 | 程序 | Microsoft Office | Microsoft Office Excel 2003"命令，打开 Excel 程序软件。在 Excel 程序窗口里执行"文件 | 保存"命令，弹出"另存为"对话框，在"保存位置"列表框中，选择 D 盘的"学生作业"文件夹，在"文件名"文本框内输入"学生实验"，在"保存类型"列表框中，选择默认的"Excel 工作簿"选项，单击"保存"按钮。在"学生实验"工作簿里，双击"Sheet1"工作表名称，重命名为"数据输入"，结果如图 7-20 所示。

图 7-20　Excel 窗口

根据需要建立工作表，输入数据，再对数据进行处理、分析。这里通过完成如图 7-19 所示的不同类型数据的输入，了解不同类型数据的格式。

打开"数据输入"工作表，单击 A1 单元格（A1 单元格被选中，边框线变为黑色粗

线，如图 7-20 中的 A1 单元格）。输入"电话号码"，在 B1、C1、D1 单元格中分别输入
"日期""时间""分数"。

在 A2 单元格中输入"'12233445566"，这时输入的是文本。若输入"12233445566"，
则是数字。执行"格式 | 列 | 最合适的列宽"命令，使工作表自动调整列宽。

在 B2 单元格中输入"2007 年 9 月 10 日"（也可以按"07/9/10"或"07-9-10"格式
输入）。

在 C2 单元格中输入"15:20"，在 C3 单元格输入"3:20 PM"。注意 20 与 PM 间有
空格。

在 D2 单元格输入"0 2/5"。

注 意

> 输入分数 2/5，必须先输入 0 和空格，以免与日期混淆。

选中 D3 单元格，执行"格式 | 单元格"命令，弹出"单元格格式"对话框，如
图 7-21 所示。

图 7-21 "单元格格式"对话框

单击"数字"选项卡，在"分类"列表框中，选择"百分比"选项，小数位数选 2，
单击"确定"按钮。在 D3 单元格输入 25.126，自动转变为 25.13%。

单击 A1 单元格，拖动到 D3 单元格，选定区域 A1:D32。单击"格式"工具栏上的
"边框"右侧的三角按钮 。单击"所有框线"选项田，给选定区域加表格线，用同样
的方法单击"粗匣框线"选项，给选定区域边线加粗，最后结果如图 7-19 所示。

输入相同的数据或有序的数据，可以使用填充柄，提高工作效率。选中 F1 单元格，
在 F1 单元格中输入"星期一"。在 F1 单元格的外围黑框右下角的小黑方块就是填充柄，
移动光标到填充柄上，此时鼠标指针由空心十字变成实心的十字，按住鼠标左键，向下
拖动，依次自动填充"星期二""星期三"……向其他方向拖动也有同样的效果。用相同
的方法可在区域 H1:H5 中输入"电视节目"，如图 7-19 所示。

2. 编辑工作表和格式化修饰工作表

（1）任务

对如图 7-22 所示的工作表，进行条件格式化和修饰，如图 7-23 所示。

	A	B	C	D	E
1		学生成绩表			
2	姓名	数学	英语	计算机	
3	张大维	78	87	78	
4	王小明	88	68	67	
5	王立平	79	79	58	
6	王小丽	98	67	89	
7	李莉	78	89	80	
8	李洪梅	57	96	79	
9	李东平	100	88	69	
10					

图 7-22　学生成绩表

	A	B	C	D	E
1		学生成绩表			
2	姓名	数学	英语	计算机	
3	张大维	78	87	78	
4	王小明	88	68	67	
5	王立平	79	79	58	
6	王小丽	98	67	89	
7	李莉	78	89	80	
8	李洪梅	57	96	91	
9	李东平	100	88	90	

图 7-23　修饰后的学生成绩表

（2）要求

创建并保存"学生成绩表"，输入学生成绩；利用条件格式，选择数据，用不同颜色显示各个成绩段，修饰"学生成绩表"，改进表格的视觉效果。

（3）操作步骤

首先建立如图 7-22 所示的学生成绩表。

选中区域 A1:D1，单击"格式"工具栏上"合并及居中"按钮。单击"字体"下三角按钮，选择"华文新魏"选项。单击"字号"下三角按钮，单击"20"选项。单击"字体颜色"下三角按钮，单击"深红"选项。这样可将标题字体设置为"华文新魏"，字号为"20"，字体颜色为"深红"，位置为"合并及居中"，如图 7-23 所示。

选定区域 B3:D9，执行"格式 | 条件格式"命令，弹出"条件格式"对话框，如图 7-24 所示。单击"条件 1"方框内第 1 个下三角按钮，选择"单元格数值"选项，单击第 2 个下三角按钮，选择"小于"选项，在数值框分别输入"60"，单击"格式"按钮，弹出"单元格格式"对话框。该对话框有三个选项卡，选择"图案"选项卡，单元格底纹颜色选用灰色，单击"确定"按钮，返回到"条件格式"对话框。单击"添加"按钮，在"条件 1"方框下面出现"条件 2"方框。单击"条件 2"方框内第 1 个下三角按钮，选择"单元格数值"选项，单击第 2 个下三角按钮，选择"大于或等于"选项，在数值框中输入 90。单击"格式"按钮，弹出"单元格格式"对话框。单击"字体"选项卡，单击"颜色"下拉列表框，选择"红色"选项，单击"确定"按钮，返回到"条件格式"对话框，单击"确定"按钮，其效果如图 7-23 所示。

图 7-24　"条件格式"对话框

选中整个表区域 A2:D9，单击工具栏上“居中”按钮，单击“字号”下三角按钮，选择“14”选项。全部单元格数据位置居中，字号为“14”。再选中区域 A3:D9，单击“字体”下三角按钮，选择“楷体”选项。把表的内容（学生的姓名、分数）字体设置为“楷体”。

选中区域 A2:D9，执行“格式 | 单元格”命令，选择“边框”选项卡，单击“线条”框内，“样式”左列最后的细实线，单击“预置”下面的“内部”选项；单击“样式”右列的较粗实线，单击“预置”下面的“外边框”选项。单击“确定”按钮。为工作表添加的表格线，外边框为粗实线，内部为细实线，如图 7-20 所示。

3. Excel 的数据运算

（1）任务

学会利用公式、函数计算数据。

（2）要求

按照图 7-25 所示工资表，计算后四列数据；学习 IF 函数嵌套的用法；计算正弦、余弦函数值。运算之后的数据表如图 7-26 所示。

	A	B	C	D	E	F	G	H
1	姓名	基本工资	岗位工资	奖金	应发工资	税金金额	所得税	实发工资
2	王楠	1200	800	400				
3	刘业	900	750	500				
4	张明	1300	940	350				
5	李立三	800	860	450				
6	王小明	700	780	300				
7								
8								
9	角度x	0	15	30	45	60	75	90
10	sin(x)							
11	cos(x)							

学生成绩 / 数据运算

图 7-25 运算之前的数据表

	A	B	C	D	E	F	G	H
1	姓名	基本工资	岗位工资	奖金	应发工资	税金金额	所得税	实发工资
2	王楠	1200	800	400	2400	800	55	2345
3	刘业	900	750	500	2150	550	30	2120
4	张明	1300	940	350	2590	990	74	2516
5	李立三	800	860	450	2110	510	26	2084
6	王小明	700	780	300	1780	180	9	1771
7								
8								
9	角度x	0	15	30	45	60	75	90
10	sin(x)	0	0.258819	0.5	0.707107	0.866025	0.965926	1
11	cos(x)	1	0.965926	0.866025	0.707107	0.5	0.258819	6.13E-17

学生成绩 / 数据运算

图 7-26 运算之后的数据表

（3）操作步骤

首先，建立如图 7-25 所示数据表。其中，角度输入 0 和 15 两个数据后，利用填充柄填充到 90。

应发工资：为基本工资、岗位工资、奖金三项之和。单击 E2 单元格，输入公式

"=B2+C2+D2"（公式中的 B2、C2、D2 可以直接单击单元格获取）。单击编辑栏中的"输入"按钮 ✓，得到结果为 2400。利用 E2 单元格的填充柄，填充从 E3 到 E6 的整列结果。

税金金额：应发工资超过 1600 元的部分应按比例上交个人所得税，因此税金金额=应发工资−1600。单击 F2 单元格，输入公式"=E2-1600"。单击编辑栏中的"输入"按钮，得到结果 800。利用 F2 单元格填充柄，填充整列。

个人所得税：税金金额低于 500 元时，税率为 5%；税金金额为 500～2000 元时，税率为 10%；税金金额为 2000～5000 元时，税率为 15%。单击 G2 单元格，输入公式：

=IF(F2<500,F2*0.05,IF(F2<2000,25+(F2-500)*0.10,175+(F2-2000)*0.15))

单击编辑栏中的"输入"按钮，得到结果，并填充整列。

实发工资为应发工资减去个人所得税。单击 H2 单元格，输入公式"=E2−G2"。单击编辑栏中的"输入"按钮，得到结果，并填充整列。后四列数据计算完成，结果如图 7-26 所示。

下面计算出相应的正弦、余弦函数值。

计算正弦函数值的方法是：单击 B10 单元格，输入"="，单击"函数"下三角按钮。单击下拉列表中"SIN"选项，出现"函数参数"对话框，输入"B9*PI( )/180"，单击"确定"按钮，B10 单元格出现计算结果 0。使用填充柄，向右拖动到 H10 单元格，完成正弦函数值的填充。余弦函数值可用类似方法计算。计算结果如图 7-26 所示。

实验 7 Excel 的图表制作与数据管理

一、实验目的

1）掌握用 Excel 软件制作图表的方法。

2）掌握使用 Excel 软件对数据进行排序、筛选和分类汇总的方法。

二、实验内容

1）图表的设计。

2）数据的排序、筛选和分类汇总。

三、实验步骤

1. 图表的设计

（1）任务

将已有的工作表中的数据，以图表的形式显示，使得数据更加形象、直观。通过图表向导、快捷菜单、"图表"工具栏来美化图表，增强图表的视觉效果。

（2）要求

用如图 7-27 所示的学生成绩表，制作柱形图，如图 7-28 所示；用如图 7-29 所示的各类学生人数表，制作饼图，如图 7-30 所示。

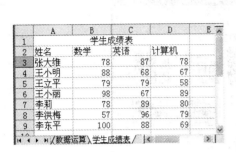

图 7-27 学生成绩表

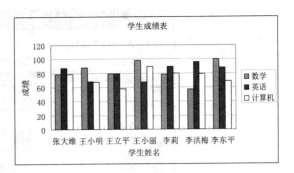

图 7-28 "学生成绩表"的柱形图

图 7-29 各类学生人数表

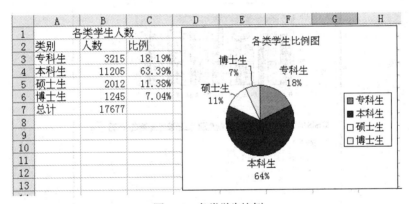

图 7-30 各类学生比例

（3）操作步骤

首先创建如图 7-27 和图 7-28 所示的数据表。

用如图 7-27 所示的学生各科成绩，制作柱形图，选中区域 A3:D9，单击"常用"工具栏上"图表向导"按钮，弹出"图表向导-4 步骤之 1-图表类型"对话框，如图 7-31 所示。

在"标准类型"选项卡里，单击"图表类型"列表框内的"柱形图"选项，在"子图表类型"栏内选择"簇状柱形图"选项，单击"下一步"按钮，弹出"图表向导-4 步骤之 2-图表源数据"对话框，如图 7-32 所示。

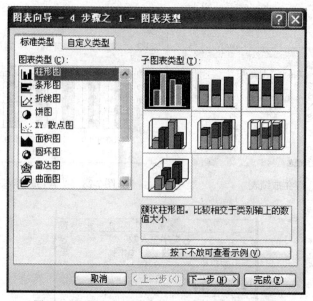

图 7-31　"图表向导-4 步骤之 1-图表类型"对话框

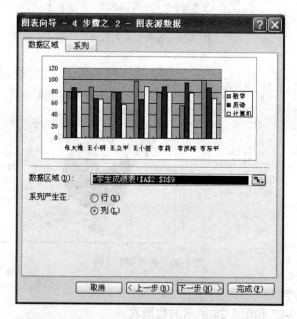

图 7-32　"图表向导-4 步骤之 2-图表源数据"对话框

　　检查数据区域是否正确，在"系列产生在"栏右侧单击"列"单选项，单击"下一步"按钮，弹出"图表向导-4 步骤之 3-图表选项"对话框，如图 7-33 所示。

　　在"标题"选项卡的"图表标题"文本框中输入"学生成绩表"，在"分类（X）轴"文本框中输入"学生姓名"，在"数值（Y）轴"文本框中输入"成绩"，单击"下一步"按钮，弹出"图表向导-4 步骤之 4-图表位置"对话框，如图 7-34 所示。

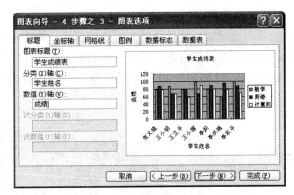

图 7-33 "图表向导-4 步骤之 3-图表选项"对话框

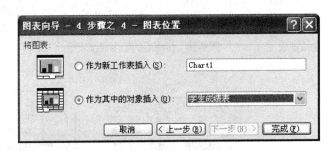

图 7-34 "图表向导-4 步骤之 4-图表位置"对话框

选择"作为其中的对象插入"单选项,单击"完成"按钮,柱形图如图 7-29 所示。

下面用如图 7-28 所示的各类学生人数表,制作饼图。

首先创建如图 7-28 所示的数据表。单击 B7 单元格,单击"常用"工具栏的"自动求和"按钮 Σ ,按 Enter 键,得到"总计"人数。单击 C3 单元格,输入公式"=B3/B7",按 Enter 键,得到专科生比例数。如果是小数格式,可将此单元格设置成百分比格式。用鼠标右键单击此单元格,在弹出的快捷菜单中选择"设置单元格格式"命令,在"数字"选项卡中单击"分类"列表框中的"百分比"选项即可。单击 C3 单元格,用填充柄复制到"C6",得到全部比例数,如图 7-30 所示。

选中区域 A2:C6,单击"图表向导"按钮,在图表向导 1"图表类型"中选"饼图"选项,在"子图表类型"列表框中选"饼图"选项,单击"下一步"按钮。在图表向导 2 中,单击"下一步"按钮。在图表向导 3 的"标题"选项卡中的"图表标题"文本框中输入"各类学生比例图"。单击"数据标志"选项,在"类别名称"列表框中,选择"百分比"选项,单击"下一步"按钮。在图表向导 4 中单击"完成"按钮,得到如图 7-30 所示的饼图。

2. 数据的排序、筛选和分类汇总

(1)任务

掌握 Excel 软件具有的数据库管理的部分功能,进行排序、筛选、分类汇总。

（2）要求

对如图 7-35 所示的学生成绩表，按总分从高到低的排序，并给出排序名次，如图 7-36 所示；对如图 7-37 所示的专业人员信息表，进行筛选，提取出专业为"电子"，性别为"女"的全部记录，如图 7-38 所示；对如图 7-39 所示的奖学金表，按"班级"字段分类汇总，如图 7-40 所示。

	A	B	C	D	E	F
1			学生成绩表			
2	姓名	数学	英语	计算机	总分	名次
3	张大维	78	87	78	243	
4	王小明	88	68	67	223	
5	王立平	79	79	58	216	
6	王小丽	98	67	89	254	
7	李莉	78	89	80	247	
8	李洪梅	57	96	79	232	
9	李东平	100	88	69	257	

图 7-35　学生成绩表

	A	B	C	D	E	F
1			学生成绩表			
2	姓名	数学	英语	计算机	总分	名次
3	李东平	100	88	69	257	1
4	王小丽	98	67	89	254	2
5	李莉	78	89	80	247	3
6	张大维	78	87	78	243	4
7	李洪梅	57	96	79	232	5
8	王小明	88	68	67	223	6
9	王立平	79	79	58	216	7

图 7-36　排序后的学生成绩表

	A	B	C
1	姓名	专业	性别
2	张大维	电子	男
3	王小明	数学	男
4	王立平	数学	男
5	王小丽	电子	女
6	李洪梅	电子	女
7	赵晓丽	化学	女
8	赵丽萍	化学	女
9	孙名	数学	女

图 7-37　各专业信息表

图 7-38　筛选后的专业信息表

	A	B	C
1		奖学金表	
2	姓名	班级	奖学金
3	张大维	机械1	500
4	王小明	电子1	500
5	王立平	电子1	1000
6	王小丽	电子2	1000
7	李莉	电子2	1500
8	李洪梅	电子2	1000
9	李东平	机械1	1500

图 7-39　奖学金表

图 7-40　分类汇总后的奖学金表

（3）操作步骤

首先创建如图 7-35、图 7-37 和图 7-39 所示的数据表。

按总分排序操作：单击 E2 单元格，单击"常用"工具栏中的"降序排序"按钮，使学生成绩表按总分从高到低排序。单击 F3 单元格，输入最高名次"1"。单击 F4 单元格，输入公式"=IF(E3>E4，F3+1，F3)"，按 Enter 键。单击 F4 单元格，用填充柄向下拖动，完成名次的输入，得到的学生成绩表如图 7-36 所示。

使用 Excel 软件处理复杂一点的排序，如首先按"总分"排序，总分相同再按"数学"成绩排序，总分、数学成绩都相同，再按"英语"成绩排序。执行"数据 | 排序"命令，在弹出的对话框中进行排序。

下面对如图 7-37 所示的专业人员信息表，进行筛选，提取出专业为"电子"，性别为"女"的全部记录。

操作步骤如下：首先，单击数据表中任一单元格，执行"数据 | 筛选 | 自动筛选"命令，每一列标题旁出现一个黑色下三角按钮。单击"专业"列下三角按钮，弹出下拉列表框，单击"电子"选项；再单击"性别"列下三角按钮，弹出下拉列表框，单击"女"选项。筛选结果如图 7-38 所示。

第 7 章　实　验　内　容　　　　　　　　　161

恢复隐藏的记录：只要在"专业"和"性别"下拉列表框里单击"全部"选项，隐藏的记录就会重新显示出来。

去掉标题旁的黑三角按钮：只需执行"数据 | 筛选 | 自动筛选"命令即可。

下面对如图 7-39 所示的奖学金表，按"班级"字段分类汇总。

首先按"班级"列对数据表进行排序：单击 B2 单元格，单击"常用"工具栏中的"升序"按钮，数据表完成按"班级"汉语拼音字母顺序排序。

然后按"班级"字段分类汇总。单击数据表中任意一个单元格，执行"数据 | 分类汇总"命令，弹出"分类汇总"对话框，如图 7-41 所示。

在"分类字段"下拉列表中选择"班级"选项，在"汇总方式"下拉列表中选择"求和"选项，在"选定汇总项"中选定"奖学金"选项，选择"替换当前分类汇总"和"汇总结果显示在数据下方"的复选项，单击"确定"按钮，得到的分类汇总结果如图 7-40 所示。

图 7-41　"分类汇总"对话框

实验 8　PowerPoint 演示文稿的基本操作

一、实验目的

1）掌握 PowerPoint 演示文稿的创建、浏览及保存的操作方法。

2）了解 PowerPoint 各视图模式的应用。

3）掌握使用设计模板、幻灯片版式创建演示文稿的方法。

4）掌握使用配色方案、背景及母版创建演示文稿的方法。

二、实验内容

1）PowerPoint 演示文稿的创建、浏览及保存。

2）PowerPoint 各视图模式的应用。

3）使用设计模板、幻灯片版式创建演示文稿。

4）使用配色方案、背景及母版创建演示文稿。

三、实验步骤

1. PowerPoint 2003 演示文稿的创建、浏览及保存

（1）创建 PowerPoint 文档

执行"开始 | 程序 | Microsoft Office | Microsoft Office PowerPoint 2003"命令，打开 PowerPoint 程序窗口。执行"视图 | 任务窗口"命令，打开任务窗口。在任务窗口中选择"新建演示文稿"任务窗口。在"新建演示文稿"任务窗口中提供了常用的三种方法来创建一个新文档："空演示文稿""根据设计模板""根据内容提示向导"。

利用"根据内容提示向导"创建 PowerPoint 新文档：单击"根据内容提示向导"按

钮，弹出"内容提示向导"对话框，如图 7-42 所示。

图 7-42　"内容提示向导"对话框

按照提示在每一步中选择或输入符合要求的文档内容。本次实验依次选择文稿类型为"企业"中的"公司会议"选项，文稿样式选择"屏幕演示文稿"，演示文稿标题填入"公司会议"，页脚填入"学生实验"。完成后单击"完成"按钮，得到一份 13 页的公司会议提纲的 PowerPoint 文档。幻灯片中的文字都进行了修饰。其余幻灯片都给出了提示，可以选择取舍，写出简明、扼要的讲演内容。

（2）PowerPoint 文档的保存

执行"文件保存"命令或"另存为"命令，将该文档保存在 D 盘"学生作业"文件夹中，保存类型为默认的"演示文稿"（扩展名为.ppt），文件名为"公司会议"。

（3）PowerPoint 文档的类型

常见的由 PowerPoint 软件建立的文件类型有：演示文稿类型，扩展名为.ppt，用于保存幻灯片的编辑格式和编辑内容；演示文稿设计模板类型，扩展名为.pot，用于保存幻灯片模板；PowerPoint 放映类型，扩展名为.pps，可以直接以全屏方式播放幻灯片，也可用 PowerPoint 软件进行编辑。

2．了解 PowerPoint 各视图模式的应用

1）打开"公司会议.ppt"，通过水平滚动条左边的视图切换按钮，在"普通视图""幻灯片浏览视图""从当前幻灯片开始幻灯片放映"三种不同的视图状态之间切换，或用"视图"菜单进行切换。

普通视图包含三种窗口：大纲窗口、幻灯片窗口和备注窗口。用户可以在同一个视图中使用演示文稿的各种特征。拖动窗口边框可调整窗口的大小。使用大纲窗口可组织、开发演示文稿的内容，键入文本，排列项目符号、段落和幻灯片。在幻灯片窗口，可以查看文本的外观，添加图形、影片和声音，并创建超链接以及向其中添加动画。备注窗口可以添加与观众共享的演说者备注或信息。

2）在"幻灯片浏览视图"中，PowerPoint 将演示文稿中的多张幻灯片并列于屏幕上。一个演示文稿的幻灯片数量较多时，利用"常用"工具栏上的"显示比例"按钮，或执行"视图 | 显示比例"命令，调整幻灯片的尺寸比例，屏幕上显示尽可能多的幻灯片。这样，就可以很容易地在幻灯片之间添加、删除和移动幻灯片以及选择动画切换、预览幻灯片切换和排练时间的效果。

在本实验中，调整幻灯片的顺序，将光标指针放在第 3 张上，并按住鼠标左键拖动到第 1 张和第 2 张中间实现顺序改变。接着选择第 8 张，单击鼠标右键，在弹出的快捷菜单中，选择"复制"选项，将光标指针移到第 10 张和第 11 张之间，单击鼠标右键，在弹出的快捷菜单中，选择"粘贴"选项。最后选中第 14 张，单击鼠标右键，在弹出的快捷菜单中，选择"删除"选项。

3）在"幻灯片放映视图"下浏览"公司会议.ppt"。单击窗口左下角的"从当前幻灯片开始幻灯片放映"按钮，播放演示文稿（或执行"视图 | 幻灯片放映"命令，还可以执行"幻灯片放映 | 观看放映"命令，或按功能键 F5）。单击鼠标（或按 Enter 键）放映下一张幻灯片，如果有动画效果，则单击激活一个动作。单击鼠标右键（或单击屏幕左下角的快捷菜单按钮），在弹出快捷菜单中，选择"结束放映"命令，退出浏览状态。在播放完毕或中途也可以按 Esc 键退出浏览状态。

3. 使用设计模板、幻灯片版式创建演示文稿

1）使用系统提供的"设计模板"，修改已有的演示文稿。执行"格式 | 幻灯片设计"命令，打开"幻灯片设计"窗口，单击"设计模板"选项，在"应用设计模板"下面提供了许多备选的设计模板，单击选中的模板"万里长城"，替换"公司会议.ppt"文稿中所有页面的原有模板。

2）利用"设计模板"和"幻灯片版式"，简洁地创建演示文稿。打开 PowerPoint 程序窗口，执行"格式 | 幻灯片设计"命令，打开"幻灯片设计"任务窗口，单击"设计模板"，在设计模板列表框中，选择模板"Blends"选项。执行"格式 | 幻灯片版式"命令，打开"幻灯片版式"任务窗口，单击"标题幻灯片"。输入标题和副标题，完成第 1 张标题幻灯片，如图 7-43 所示。单击"常用"工具栏上的"新幻灯片"按钮，插入第 2 张幻灯片，在"幻灯片版式"任务窗口中的"文字版式"中选择"标题和文本"选项，添加标题和文本，如图 7-44 所示。

图 7-43 标题幻灯片

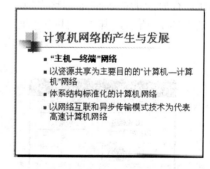

图 7-44 标题和文本幻灯片

这样，按照制作者的设计，添加一张张新幻灯片，每一张都要根据内容选择合适的版式，添加文本，插入图片，进行编辑修饰等工作，所有的幻灯片都有共同的设计模板。随时可以用其他设计模板来替换已有的模板。

4. 使用配色方案、背景及母版创建演示文稿

1）如果没有符合需要的模板，或要创建一份具有独特外观的演示文稿，就要采用空白演示文稿。打开 PowerPoint 程序窗口，默认状态就是"空演示文稿"，执行"格式 | 幻灯片版式"命令，在"内容版式"列表框中，选择"空白"版式，如图 7-45 所示。

图 7-45　空演示文稿

单击"幻灯片版式"任务窗口中的"其他任务窗口"按钮，打开"幻灯片设计-配色方案"任务窗口。在"应用配色方案"下面选择一种最接近要求的配色方案。右击该配色方案，在弹出的快捷菜单中选择"应用于所有幻灯片"或"应用于所选幻灯片"选项。单击任务窗口下方的"编辑配色方案"按钮，打开"编辑配色方案"对话框，单击"自定义"选项卡，在"自定义"选项卡里，对构成文档的各元素调整颜色，然后单击"应用"按钮即可。

2）执行"格式 | 背景"命令，弹出"背景"对话框。单击"背景填充"框内的下三角按钮，在弹出的列表框里选择"填充效果"（见图 7-46）选项，打开"填充效果"对话框，如图 7-47 所示，其中有四个选项卡"渐变""纹理""图案""图片"。

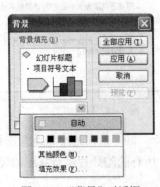

图 7-46　"背景"对话框

图 7-47　"填充效果"对话框

"渐变"选项卡设置的背景是颜色深浅过渡的。有预设的 24 种颜色可供选用，还可以自由选择单色或双色；颜色定下来后，下面还有 6 种底纹式样供选择，每种式样还有变形。

"纹理"有 24 种，单击"其他纹理"按钮，可展现用户积累的素材供选用。

"图案"有 48 种，而"前景"和"背景"颜色可自由选择，通过"示例"方框可及时看到选择的效果。

在"图片"选项卡中，可从用户积累的素材中选用。

3）母版的使用。在 PowerPoint 中使用母版可以设计并保存模板的元素，包括配色方案、背景设计、文本格式以及插图位置。使用幻灯片母版可以进行全局修改，母版上的修改会反映在每张幻灯片上。如果要使个别幻灯片的外观与母版不同，请直接修改该幻灯片而不用修改母版。标题母版控制标题幻灯片的格式，还有讲义母版和备注母版。

打开前面创建的"公司会议.ppt"演示文稿，执行"视图 | 母版 | 幻灯片母版"命令，打开"幻灯片母版"编辑框。同时出现可以移动的"幻灯片母版视图"工具栏和两张幻灯片缩小图（一张用于标题幻灯片的设计，另一张用于其余幻灯片的设计），如图 7-48 所示。

图 7-48　"幻灯片母版"编辑框

"幻灯片母版"上有标题样式占位符、文本样式占位符，底部有日期/时间占位符、页脚占位符和幻灯片编号占位符。占位符是虚线围成的一块区域。可以在里面添加文本和图片等对象。对幻灯片母版进行编辑，要求如下所述。

① 标题样式文字改为"华文隶书"44 号字。

② 文本样式改为"华文行楷"，默认号字。

③ 项目符号改为箭头。

④ 执行"插入 | 图片 | 剪贴画"命令，插图一张，放在页面的右下角。

⑤ 日期区、页脚区及数字区字号改为 16 号字。

按照上述要求修改后，"幻灯片母版"编辑方框，如图 7-49 所示。

图 7-49　修改后的幻灯片母版

实验 9　PowerPoint 幻灯片内容的制作与编辑

一、实验目的

1）掌握 PowerPoint 的文字格式设置及编排的方法。
2）掌握在幻灯片中插入页眉与页脚、图片、表格和艺术字的方法。
3）掌握在幻灯片中插入图表、超链接的方法。
4）掌握在幻灯片中设置文本与各种对象的动画效果的方法。
5）掌握幻灯片切换效果的设置方法和演示文稿放映方式的设置。

二、实验内容

1）把文本添加到幻灯片并进行排版。
2）在幻灯片中插入页眉与页脚、图片、表格和艺术字。
3）在幻灯片中插入图表、超链接。
4）幻灯片中文本与各种对象的动画效果的设置。
5）幻灯片切换效果和演示文稿放映方式的设置。

三、实验步骤

演示文稿制作者首先形成设计思路，或选择空白演示文稿，进而选用背景填充和配色方案，或采用某种设计模板。接下来就是按照设计，制作每张幻灯片。

1. 把文本添加到幻灯片并进行排版

（1）输入文本

选择设计模板 Profile 选项，再选择"标题幻灯片"选项，按照提示输入标题和副标题，如图 7-50 所示。

选择"空白幻灯片"选项，如图 7-51 所示，用"绘图"工具栏上的文本框输入一段文字。最简易的把文本添加到幻灯片中的方式是直接将文本键入幻灯片的占位符或自选图形中。要在占位符或自选图形外添加文字或图形，就要使用"绘图"工具栏上的"文本框"和"竖排文本框"按钮。

图 7-50 "标题幻灯片"的设置

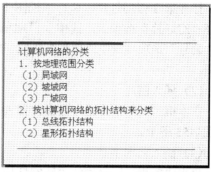

图 7-51 "空白幻灯片"的设置

操作步骤如下：

单击"绘图"工具栏上的"文本框"按钮，将光标指针放到幻灯片上合适的位置，单击鼠标，幻灯片上出现一个虚线文本框，在文本框中输入文字。

（2）修饰文本

无论是在占位符还是自选图形中输入的文本，或者是利用文本框输入的文本，单击该文本，就会出现八个控制点和边框线。将光标移动到控制点上，变为双向箭头，就可以拖动边框线，改变整体边框的尺寸；光标移动到边框线上，变为十字箭头，就可以拖动整体边框，把文本放到合适的位置；单击边框线，边框由短斜线变为点状，这时框内的文本被选中，可以进行字形、字体、字号、文字颜色和效果的修饰。

（3）编辑母版

对演示文稿"计算机网络技术"的幻灯片母版进行编辑，执行"视图 | 母版 | 幻灯片母版"命令，用"绘图"工具栏的"文本框"，在母版上部添加标题"计算机网络技术"，在右上角添加一幅剪贴画；母版底部的三个占位符的字号设置为 18 号，位置调整合适。为了全部幻灯片的统一，标题母版底部的三个占位符也应进行同样设置、调整。其"空白幻灯片"也随之变化，如图 7-52 所示。

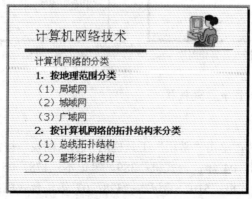

图 7-52 修改母版后，原有幻灯片随之变化

2. 在幻灯片中插入页眉与页脚、图片、表格和艺术字

（1）插入页眉和页脚

打开第 2 张幻灯片，执行"视图 | 页眉和页脚"命令，在"页眉和页脚"对话框里选择"幻灯片"选项卡，选中"日期和时间"选项，选中"自动更新"选项，选中"幻灯片编号"选项，选中"页脚"选项，输入"计算机技术系列讲座"，单击"全部应用"按钮。

（2）插入图片

在本机或网络上搜索一张图片插入到第 2 张幻灯片上，并调整图片的尺寸和位置，如图 7-53 所示。

（3）插入艺术字

单击"常用"工具栏的"新幻灯片"按钮，单击"空白"版式，打开第 3 张幻灯片。该幻灯片上部和下部已有母版统一设置的文字、图片和页脚。单击"绘图"工具栏的"插入艺术字"按钮，在"艺术字库"对话框中单击第 2 行第 1 列的式样，单击"确定"按钮，在"编辑'艺术字'文字"对话框里输入文字，选择字体、字号、字形，单击"确定"按钮，幻灯片上出现输入的文字、八个控制点和两个调整点，调整艺术字的位置和形态，完成后如图 7-54 所示。

（4）插入表格

单击"常用"工具栏的"插入表格"按钮，在弹出的表格选定框里拖动出 4 行 3 列表格，在第 3 张幻灯片上调整表格的位置和尺寸，输入文本，进行修饰，完成后如图 7-54 所示。

图 7-53 为幻灯片插入页脚和图片　　　　　图 7-54 在幻灯片中插入艺术字和表格

3. 在幻灯片中插入图表、超链接

（1）插入图表

打开第 4 张幻灯片，单击"常用"工具栏的"插入图表"按钮，在弹出的数据表里填入某销售网点的数据：04 年，台式机：389，笔记本：178；05 年，台式机：478，笔记本：210；06 年，台式机：510，笔记本：328；07 年，台式机：516，笔记本：612。如图 7-55 所示。

（2）插入超链接

利用"文本框"输入文字，最后输入"大连民族学院"。选中"大连民族学院"，用鼠标右击之，弹出对话框。在"地址"文本框中输入 http://www.dlnu.edu.cn/。单击"屏幕提示"按钮，弹出对话框。在"屏幕提示文字"下边的文本框中输入"链接到大连民族学院主页"，两次单击"确定"按钮，第 4 张幻灯片制作结果如图 7-55 所示。单击"大连民族学院"超链接，打开大连民族学院主页，进行浏览。需要返回演示文稿或进行其他任务，可按住 Alt 键，一次次按 Tab 键，在屏幕上出现的列表框里，打开的项目依次被选择，到想要的任务时，松开 Alt 键即可。

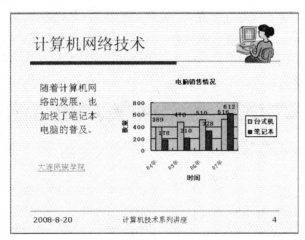

图 7-55　为幻灯片插入图表和超链接

4. 演示文稿幻灯片中文本与各种对象的动画效果

在普通视图中，打开演示文稿"计算机网络技术"第 2 张幻灯片。执行"幻灯片放映｜自定义动画"命令，弹出"自定义动画"任务窗口。单击幻灯片中的"图片"对象，执行"自定义动画"窗口中的"添加效果｜进入｜飞入"命令，"方向"选择为"自右侧"，如图 7-56 所示。单击幻灯片中的"文本"框，执行"自定义动画"窗口中的"添加效果｜进入｜百叶窗"命令，其他选择为默认设置，如图 7-57 所示。

图 7-56　设置图片动画

图 7-57　设置文本动画

图 7-58　设置幻灯片切换

5. 为演示文稿放映添加幻灯片切换效果和设置放映方式

（1）添加幻灯片切换效果

打开"计算机网络技术"演示文稿，选中要切换的幻灯片，执行"幻灯片放映 | 幻灯片切换"命令，弹出"幻灯片切换"任务窗口。在"应用于所选幻灯片"列表框中选择"盒状展开"选项，如图 7-58 所示。在"速度"下拉列表中选择"中速"选项，在"声音"下拉列表中选择"爆炸"选项，其他选择为默认设置。

（2）设置演示文稿的放映方式

执行"幻灯片放映 | 设置放映方式"命令，弹出"设置放映方式"对话框，如图 7-59 所示。在"放映类型"栏中选择"演讲者放映（全屏幕）"单选项，在"放映幻灯片"栏中选择"全部"单选项，在"放映选项"栏中选择"循环播放，按 Esc 键终止"复选项，其他项选择为默认设置。

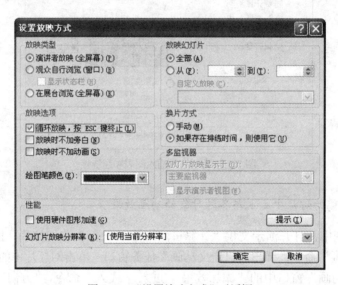

图 7-59 "设置放映方式"对话框

实验 10 创建 Access 数据库

一、实验目的

1）掌握创建数据库的基本方法。
2）掌握在设计视图下创建数据表的方法。
3）掌握数据输入方法。
4）掌握创建表间关系的方法。
5）掌握创建查询的方法。
6）掌握创建窗体和报表的方法。

二、实验内容

1）创建数据库。

2）在设计视图下创建数据表。

3）输入数据。

4）创建表间关系。

5）创建查询。

6）创建窗体和报表。

三、实验步骤

1. 创建数据库

启动 Access 程序,执行"开始 ｜ 程序 ｜ Microsoft Office ｜ Microsoft Office Access 2003" 命令,单击右侧窗口的"开始工作"按钮,选择"新建文件"命令,打开"新建文件" 窗口,在"新建"下面单击"空数据库…"按钮,打开"文件新建数据库"对话框,在 "保存位置"下拉列表框中选择 D 盘中的"学生作业"文件夹,在"文件名"下拉列表框 中输入"学生管理",在"保存类型"下拉列表框中选择"Microsoft Office Access 数据库", 单击"创建"按钮,结果如图 7-60 所示。

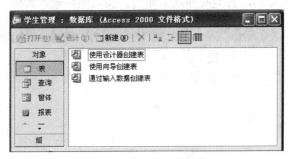

图 7-60 学生管理数据库

2. 在设计视图下创建数据表

在"学生管理"数据库中创建学生表、课程表和成绩表。表结构如表 7-3～表 7-5 所示。

表 7-3 学生表的表结构

字段名称	数据类型	字段大小
学号（主键）	文本	10
姓名	文本	8
性别	文本	2
出生日期	日期/时间	
照片	OLE 对象	

表 7-4　课程表的结构

字段名称	数据类型	字段大小	小数位数
课程编号（主键）	文本	6	
课程名称	文本	20	
学分	数字	单精度	1
任课教师	文本	8	

表 7-5　成绩表的结构

字段名称	数据类型	字段大小	小数位数	有效性规则
学号（主键）	文本	10		
课程编号（主键）	文本	6		
成绩	数字	单精度	1	0～100 之间

下面按照表 7-3 的学生表的表结构来创建第 1 个数据表。在数据库对象组中单击表对象，如图 7-60 所示。双击"使用设计器创建表"项，打开设计器窗口，如图 7-61 所示。在"字段名称"下方的文本框中输入"学号"，然后右击该行的任意位置，在打开的快捷菜单中选择"主键"选项，在"学号"的左侧出现标志 🔑（要想取消"主键"属性，再右击该行，在弹出的快捷菜单中选择"主键"选项即可）；单击"数据类型"下方的文本框，在下拉菜单中选择"文本"选项；单击"字段属性"下方的"常规"选项卡，在"字段大小"文本框中输入 10，其他属性默认即可。类似地可输入其他字段的属性。

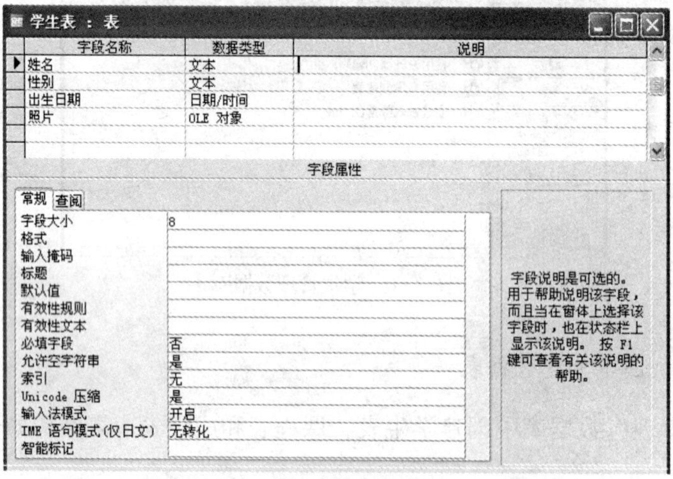

图 7-61　设计器窗口

设置完毕后单击菜单栏中"保存"按钮 💾，命名表为"学生表"之后即完成了数据表的表结构的创建。关闭设计器窗口后，在"学生数据库"对象组"表"的右侧可看到新建的数据表："学生表"。

用类似的方法可建立表 7-4 和表 7-5 所要求的数据表："课程表"和"成绩表"。在输入"成绩表"时，要将"学号"和"课程编号"两个字段设置为组合主键，按住 Ctrl 键选定这两个字段；然后在选定字段位置右击，在弹出的快捷菜单中选中"主键"选项，完成设置；在输入"成绩"的有效性规则时，在"有效性规则"文本框中输入：0<="成绩"And"成绩"<=100。

要想修改数据表的结构，首先选中该数据表，然后单击"设计"按钮 ，在打开的设计器窗口中即可修改该数据表的结构。

3. 输入数据

打开数据库文件，在数据库对象组中单击表对象，在右侧窗口中双击要添加数据的"学生表"，在该表视图下添加数据，如图 7-62 所示。添加数据后单击该窗口右上角的关闭按钮，关闭表的同时将保存已添加的数据。

注 意

在数据表中输入图片数据，右击要输入图片的位置，在弹出的快捷菜单中执行"插入对象｜由文件创建"命令，在弹出的对话框中，单击"浏览"按钮，选择要插入的图片。

学号	姓名	性别	出生日期	照片
2007010401	张大雄	男	1987-11-2	
2007010402	张小平	男	1987-10-23	
2007010403	赵丽萍	女	1988-2-6	
2007010404	赵平	男	1988-4-7	
2007010405	黎丽萍	女	1989-5-8	
2007021101	刘丽丽	女	1989-12-13	
2007021102	刘强	男	1989-10-23	
2007021103	王杰	女	1989-10-8	

图 7-62 给"学生表"添加数据

类似地，打开"课程表"，输入如图 7-63 所示的数据，然后关闭"课程表"。

课程编号	课程名称	学分	教师
223301	数学	4	王国平
223341	英语	4	张明
223381	计算机	3	杨和平
		0	

图 7-63 给"课程表"添加数据

打开"成绩表"，输入如图 7-64 所示的数据，然后关闭"成绩表"。

学号	课程编号	成绩
2007010401	223301	87
2007010401	223341	89
2007010401	223381	77
2007010402	223301	69
2007010402	223341	98
2007010403	223301	88

图 7-64 给"成绩表"添加数据

4. 创建表间关系

打开数据库，单击工具栏中"关系"按钮 ，打开"关系"窗口，在"显示表"窗口（见图7-65）中的"表"选项卡中单击"学生表"，单击"添加"按钮；然后再单击"成绩表"，单击"添加"按钮；最后再单击"课程表"，单击"添加"按钮；关闭"显示表"。

在"关系"窗口中用鼠标选定"学生表"的"学号"字段，按住鼠标左键将其拖拽到"成绩表"中的"学号"字段，松开鼠标左键，系统弹出"编辑关系"对话框，在该对话框中可以编辑关系，如图7-66所示，单击"创建"按钮。按照相同的方法，将"课程表"中的"课程编号"字段拖拽到"成绩表"中的"课程编号"字段上方，完成设置后，"关系"窗口如图7-67所示。关闭"关系"窗口。

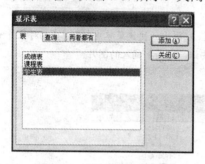

图7-65 "显示表"对话框

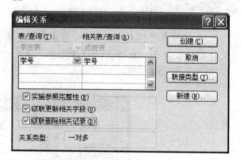

图7-66 "编辑关系"对话框

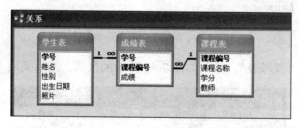

图7-67 "关系"窗口

创建关系后，对关系的维护和修改都在"关系"窗口中完成。双击表间关系连线，系统弹出"编辑关系"对话框，如图7-66所示，可以重新设定完整性规则；右击关系连线的中间位置，在弹出的菜单中选择"删除关系"选项，可以删除关系。

5. 创建查询

（1）使用向导创建单表及多表选择查询

在数据库对象组中单击"查询"，在右侧窗口中单击"使用向导创建查询"命令，系统弹出"简单查询向导"对话框，如图7-68所示。

在"表/查询"下拉列表中选择"学生表"选项，当选定了一个表对象后，在下面的"可用字段"列表中将显示表中各字段，单击按钮 和 ，可将选中的字段添加到"选定的字段"列表中，这些字段将显示在查询结果中，如图7-68所示，单击"下一步"按钮，在"请为查询指定标题"文本框中输入"学生信息"，单击"完成"按钮即创建了一个名为"学生信息"的查询表。

多表查询与单表查询的操作步骤相同。在图 7-68 中，可以在"表/查询"列表中分别选择要查询的多个数据源及其字段。例如，所选字段如图 7-69 所示，单击"下一步"按钮，为查询表命名为"学生成绩"，单击"完成"按钮。

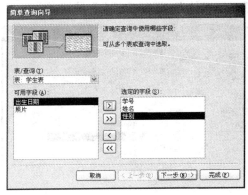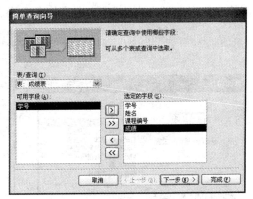

　　图 7-68　"简单查询向导"对话框　　　　　　　图 7-69　多表查询

（2）在设计视图下修改查询

选中要修改的查询对象，如选中"学生成绩"，单击数据库窗口中"设计"按钮 设计(①)，打开查询对象的设计视图。单击工具栏中的"显示表"按钮 ，在"表"选项卡下选择"课程表"选项，单击"添加"按钮，单击"关闭"按钮关闭"显示表"。在查询中增加"课程表"中的"教师"字段，如图 7-70 所示。

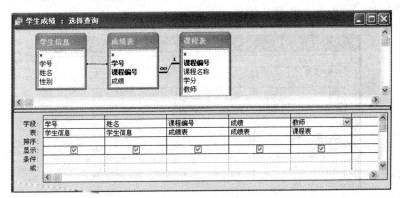

图 7-70　给"学生成绩"查询表增加"教师"字段

6. 创建窗体和报表

（1）自动创建窗体

在数据库对象组中单击"窗体"按钮，在工具栏中单击"新建"按钮，系统弹出"新建窗体"对话框，选择如图 7-71 所示。

选择"自动创建窗体：纵栏式"选项。在"新建窗体"对话框底部"请选择该对象数据的来源表或查询"下拉列表框中选择"学生表"选项，然后单击"确定"按钮，并命名为"学生表窗体"，则 Access 将自动创建窗体。

（2）使用向导创建窗体

在数据库对象组中单击窗体对象，在主窗口菜单中单击"新建"命令，系统弹出"新建窗体"对话框，选择"窗体向导"选项，单击"确定"按钮，打开"窗体向导"对话框（见图 7-72）来选定字段，单击"下一步"按钮，选择默认选项，直到最后一步，为窗体命名为"学生窗体"，为子窗体命名为"成绩子窗体"，单击"完成"按钮。

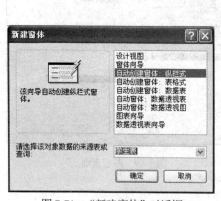 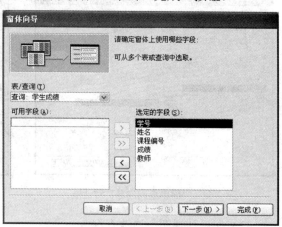

图 7-71　"新建窗体"对话框　　　　　图 7-72　"窗体向导"对话框

（3）在设计视图下修改窗体

选中欲修改的"学生表窗体"，单击"设计"按钮 设计(D)，打开窗体的设计视图，如图 7-73 所示。在窗口中可以设置窗体页眉、页脚和页面的页眉、页脚，调整控件的大小、位置和属性，在窗体中添加新控件。

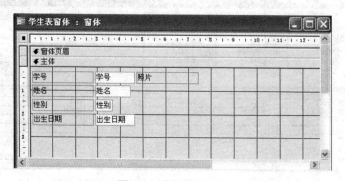

图 7-73　窗体设计视图

（4）使用向导创建报表对象

创建报表对象与创建窗体对象的操作原理、步骤类似。在数据库对象组中选择"报表"对象，然后双击右侧的"使用向导创建报表"按钮，在工具栏中单击"新建"按钮，系统弹出"新建报表"对话框，选择"报表向导"选项。单击"确定"按钮，为报表设定数据源，如选择"学生成绩"，如图 7-74 所示。

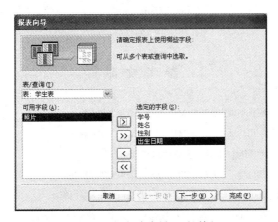

图 7-74 "报表向导"对话框

单击"下一步"按钮,直到出现如图 7-75 所示的排序方式,按"学号"升序排序。

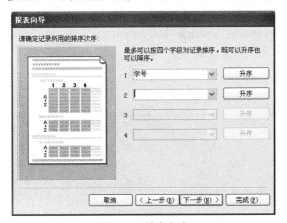

图 7-75 排序方式

单击"完成"按钮,即创建了一个名为"学生表"的报表,如图 7-76 所示,可用于打印机输出。

学生表			
学号	姓名	性别	出生日期
2007010401	张大维	男	1987-11-2
2007010402	张小平	男	1087-10-23
2007010403	赵丽萍	女	1988-2-6
2007010404	赵平	男	1988-4-7
2007010405	黎丽萍	女	1989-5-8
2007021101	刘丽丽	女	1989-12-13
2007021102	刘强	男	1989-10-23
2007021103	王杰	女	1989-10-8

图 7-76 "学生表"报表

参 考 文 献

高敬阳，等．2005．大学计算机基础实验指导[M]．北京：清华大学出版社．

耿国华．2007．大学计算机应用基础实验指导[M]．北京：清华大学出版社．

卢湘鸿．2003．计算机应用教程[M]．北京：清华大学出版社．

牟绍华，李家兴．2006．边用边学：工具软件[M]．北京：清华大学出版社．

牛志成，刘冬莉，徐立辉．2007．大学计算机基础[M]．北京：清华大学出版社．

秦光洁，张炤华，王润农，等．2007．大学计算机基础[M]．北京：清华大学出版社．

邵丽萍，张后扬，张弛．2005．Access 数据库实用技术[M]．北京：中国铁道出版社．

邵丽萍，张后扬，张弛．2005．Access 数据库实用技术题解与上机指导[M]．北京：中国铁道出版社．

唐霁虹．2007．大学计算机基础[M]．北京：清华大学出版社．

张莉．2005．大学计算机基础实验教程[M]．北京：清华大学出版社．

赵丕锡，刘明才．2005．大学计算机基础[M]．北京：中国铁道出版社．